跟着电网企业劳模学系列培训教材

电网仓储
建设与改造

国网浙江省电力有限公司　组编

中国电力出版社
CHINA ELECTRIC POWER PRESS

内 容 提 要

本书为"跟着电网企业劳模学系列培训教材"之《电网仓储建设与改造》分册，按照项目—任务模式编写，主要内容包括电网物资、电网仓储简介、电网仓储设备、电网仓储规划设计、电网仓储改造和电网仓储信息系统。

本书可供从事电网仓储建设与改造的技术人员阅读使用，也可供相关管理人员阅读参考。

图书在版编目（CIP）数据

电网仓储建设与改造 / 国网浙江省电力有限公司组编 . —北京：中国电力出版社，2021.7
跟着电网企业劳模学系列培训教材
ISBN 978-7-5198-5722-6

Ⅰ. ①电…　Ⅱ. ①国…　Ⅲ. ①配电系统-建设-技术培训-教材②配电系统-改造-技术培训-教材　Ⅳ. ① TM727

中国版本图书馆 CIP 数据核字（2021）第 111054 号

出版发行：中国电力出版社
地　　　址：北京市东城区北京站西街 19 号（邮政编码 100005）
网　　　址：http://www.cepp.sgcc.com.cn
责任编辑：穆智勇
责任校对：黄　蓓　王海南
装帧设计：张俊霞　赵姗姗
责任印制：石　雷

印　　　刷：三河市万龙印装有限公司
版　　　次：2021 年 7 月第一版
印　　　次：2021 年 7 月北京第一次印刷
开　　　本：710 毫米 ×980 毫米　16 开本
印　　　张：16.75
字　　　数：238 千字
印　　　数：0001—1000 册
定　　　价：68.00 元

编 委 会

丛书序

国网浙江省电力有限公司在国家电网有限公司领导下，以努力超越、追求卓越的企业精神，在建设具有卓越竞争力的世界一流能源互联网企业的征途上砥砺前行。建设一支爱岗敬业、精益专注、创新奉献的员工队伍是实现企业发展目标、践行"人民电业为人民"企业宗旨的必然要求和有力支撑。

国网浙江公司为充分发挥公司系统各级劳模在培训方面的示范引领作用，基于劳模工作室和劳模创新团队，设立劳模培训工作站，对全公司的优秀青年骨干进行培训。通过严格管理和不断创新发展，劳模培训取得了丰硕成果，成为国网浙江公司培训的一块品牌。劳模工作室成为传播劳模文化、传承劳模精神，培养电力工匠的主阵地。

为了更好地发扬劳模精神，打造精益求精的工匠品质，国网浙江公司将多年劳模培训积累的经验、成果和绝活，进行提炼总结，编制了"跟着电网企业劳模学系列培训教材"。该丛书的出版，将对劳模培训起到规范和促进作用，以期加强员工操作技能培训和提升供电服务水平，树立企业良好的社会形象。丛书主要体现了以下特点：

一是专业涵盖全，内容精尖。丛书定位为劳模培训教材，涵盖规划、调度、运检、营销等专业，面向具有一定专业基础的业务骨干人员，内容力求精练、前沿，通过本教材的学习可以迅速提升员工技能水平。

二是图文并茂，创新展现方式。丛书图文并茂，以图说为主，结合典型案例，将专业知识穿插在案例分析过程中，深入浅出，生动易学。除传统图文外，创新采用二维码链接相关操作视频或动画，激发读者的阅读兴趣，以达到实际、实用、实效的目的。

三是展示劳模绝活，传承劳模精神。"一名劳模就是一本教科书"，丛书对劳模事迹、绝活进行了介绍，使其成为劳模精神传承、工匠精神传播的载体和平台，鼓励广大员工向劳模学习，人人争做劳模。

丛书既可作为劳模培训教材，也可作为新员工强化培训教材或电网企业员工自学教材。由于编者水平所限，不到之处在所难免，欢迎广大读者批评指正！

最后向付出辛勤劳动的编写人员表示衷心的感谢！

丛书编委会

前　言

　　当前，电力物资仓储还处在建设发展时期，大量的电力物资仓储需要建设与改造。与此同时，市面上仓储规划与设计的书籍众多，但具有电力物资仓储特点的仓储建设与改造方面的资料却难以见到。为帮助广大电网物资仓储从业人员提高技能水平，国网浙江省电力有限公司组织编写了本书。

　　本书从浙江省电网物资仓储的实际情况发展，选择建设与改造的一些典型案例，并尽可能将国内的先进理论、方法和实践与电网仓储的实际紧密联系起来。

　　本书的编写由王天根创新工作室牵头进行，编者都是具有多年仓储建设和管理工作经验的人员，参与了国家电网有限公司众多电力物资仓储建设规划和设计工作。

　　本书编写过程中参考和借鉴了国内专家学者的著作和研究成果，在此对这些文献的作者一并表示感谢，同时对参与编写的各位同事表示感谢！

　　由于时间仓促，书中不足和遗漏之处有所难免，殷切希望读者批评指正。

编　者

2021 年 6 月

目　录

王天根创新工作室简介

王天根创新工作室成立于 2012 年，是以国家电网有限公司优秀专家人才王天根的名字命名的，主要承担培训电力物流运行和管理知识，并进行新技术的创新研发。

几年来，工作室先后组织或参与内部培训、跨区培训和对外输出培训，组织开展员工技能比武及知识竞赛等形式多样、内容丰富的活动。参与两项国家标准的编写；多次取得国网浙江省电力有限公司管理创新、科技创新和 QC 成果奖；获得国家新型实用专利 28 项，发明专利 1 项。工作室被国网浙江省电力有限公司命名为"劳模跨区培训点"；被嘉兴市总工会命名为"嘉兴市高技能人才创新工作室"。获得国网浙江省电力有限公司"职工技术创新团队"和"学习型组织"；国网嘉兴供电公司"四星劳模先进（技能）工作室"等荣誉。

项目一

电网物资

≫【项目描述】

本项目介绍电网物资特性、分类、存放与码放。通过介绍物资特性、标准分类和存放码放，了解物资特性及分类依据，掌握物资分类标准、存放任务与码放方法。

任务一　电网物资的特性与分类

≫【任务描述】

本任务主要讲解电网物资特性及分类。通过物资特性介绍和标准分类，了解电网物资的特性与分类依据，掌握物资分类标准。

一、电网物资的特性

1. 物资种类多

电网工程建设及日常运维需要大量的电网物资，为了满足这些工作的需要，往往需要储备大量种类繁多的物资。据统计电网公司有物料主数据 15 万多条。

2. 技术更新快

随着电网新技术、新工艺的不断引入，新产品更新换代步伐加快，决定了很多物资面临着淘汰的局面。以电能表为例，其新旧对比如图 1-1 所示。为了将物资价值最大化，应对物资进行回收利用。回收利用的方法主要有：①通过维修以及改造的方法来对旧物资进行整改，使其发挥更大价值；②对于不可利用的物资，可以通过拍卖的方式进行售卖，增加企业经济效益。

(a) 旧电能表　　　　　　　　　　(b) 新电能表

图 1-1　新旧电能表对比

3. 电网物资价值高

电力行业是国民经济的基础产业，属于技术、资金密集型企业，对于电力系统的维护需要高度系统化的物资供应体系支撑。与此同时，由于电网系统的技术复杂度和专业特性，决定了电网物资供应门类复杂、价值高和质量大等特性。

常见的精密仪表、变压器、电缆等都属于贵重、资金占用量大的物资，价值更高的还有特高压设备及组合电器。图 1-2 所示为一些常见的高价值电网物资。

4. 大小、形状和长短不一

由于电网物资种类繁多、型号复杂，决定了其大小不一、形状各异，小至螺丝螺母，大至组合电器。这时，就需要结合仓储实际，对每种类别物资的外形尺寸、体积、重量、规格型号、周转频率、防水防湿要求等特性进行统计分析，并以此为依据，按照尺寸相似性、形状规整度等原则，对库存物资进行分类，为合理设置仓位分区和选择适合的存储方式提供依据。图 1-3 所示为电网常见的大小、形状和长短不一的物资。

(a) 电缆

(b) 配电变压器

(c) 特高压设备

(d) 组合电器

图 1-2　常见的高价值电网物资

图 1-3　大小、形状和长短不一物资示例

5. 物资包装规范性差

电网物资包装没有统一标准，各生产厂商的包装也不一致。例如种类繁多、规格型号各异的铁附件，有的用铁丝或麻绳捆扎，有的同型号的铁

附件捆扎在一起，有的不同型号的铁附件混装在一起。再如金具，有纸箱包装，也有麻袋包装。因此应在保障物资供应的基础上，研究设计出合适的存储容器或包装形式，对形状各异的铁附件和金具进行标准化包装和存储，取代以往的捆扎或简易包装存储形式。

二、电网物资分类

电网物资一般按物资重要性和需求特性等方面进行分类，如图 1-4 所示。以下将电网物资按物资需求特性和使用特性两个方面进行分类。

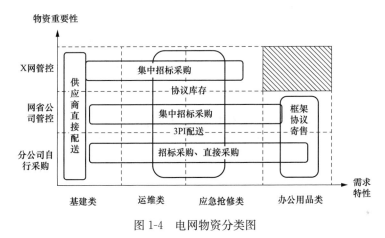

图 1-4　电网物资分类图

（一）按需求特性分类

按照需求特性不同，电网物资可分为基建类物资、运维类物资、抢修类物资和办公用品类物资。

1. 基建类物资

基建类物资一般包括变电站工程项目和输电工程项目所需的主要设备和配套材料。该类物资基于电网建设项目的单次性，一般在公开招标采购完成后由供应商直接配送到项目所在地，在工程项目现场完成检验、调试、安装工作，一般无库存。

2. 运维类物资

运维类物资主要包括日常电网现有设备的技术改造、维护、运行、检修所需物资，采购后储存于各级仓库，一般由物资部门统一管理，需要时可按照正常流程进行配送。其中高价值物资也可能采用协议库存方式管理。

3. 抢修类物资

抢修类物资是在电网遇到自然灾害而受到损坏时，用于抢修的物资，其需求具有很强的不确定性，同样由各级物资部门统一管理和调配。

4. 办公用品类物资

办公用品类物资主要分为固定资产类物资和低值易耗类物资，是满足日常办公需求的物资，部分网省公司在采购办公用品类物资时引入框架协议、寄售等先进手段。

（二）按电网物资的使用特性分类

根据电网物资的使用特性，可分为一次设备、二次设备、装置性材料、通信设备和其他物资等，如表 1-1 所示。由于各电网公司分类方法不尽相同，表 1-1 仅作参考。

表 1-1　　　　　　　　电网物资分类表（按使用特性分类）

物资大类	物资中类	物资小类
一次设备	避雷器	交流避雷器
	电抗器	并联电抗器
		串联电抗器
	电力电容器	
	交流变压器	660kV 变压器
		110kV 变压器
		220kV 变压器
		330kV 变压器
		500kV 变压器
		750kV 变压器
	交流电流互感器	电磁式电流互感器
		电子式电流互感器
		电磁式电压互感器
		电容式电压互感器
	交流断路器	瓷柱式交流断路器
		罐式交流断路器
	交流隔离开关	交流三相隔离开关
	开关柜（箱）	高压开关柜
	消弧线圈、接地变压器及成套装置	
	直流电流互感器	光学式直流电流互感器
	组合电器	复合式组合电器（HGIS）
		气体绝缘封闭式组合电器（GIS）

续表

物资大类	物资中类	物资小类
二次设备	电源系统	
	继电保护及自动装置	故障录波装置
	数据网络设备	
	用电信息采集	集中器
		专变采集终端
	自动化系统及设备	变电站监控系统
		时间同步装置
		相量测量装置
		专用防火墙
		纵向加密认证装置
装置性材料	导、地线	
	电缆	电力电缆
	电缆附件	
	杆塔类	
	光缆	OPGW 光缆
	金具	
	绝缘子	棒形悬式复合绝缘子
		盘形悬式玻璃绝缘子
		盘形悬式瓷绝缘子
通信设备	通信电源系统	直流−48V 通信电源成套设备
信息设备	服务器	
仪器仪表	电能表	
智能变电站二次设备	智能变电站测控及在线监测系统	智能变电站变压器油中溶解气体在线监测装置

1. 一次设备

一次设备与电网的输电、配电、送电等主营业务直接相关，对保证电网的安全稳定运行具有很强的重要性。随着电网设备制造业的发展和特高压工程的推进，一次设备又分为两大类，即关键主设备和常规一次设备。关键主设备主要指高电压等级的换流阀、换流变压器等，这类设备具有科技含量高、技术垄断性强、生产周期长等特点；常规一次设备则具有需求量大和技术较成熟的特点。一次设备主要有，变压器、断路器、互感器、隔离开关、电抗器、避雷器、组合电器、串联补偿装置、负荷开关、高压熔断器等 28 种物资。

2. 二次设备

二次设备是对一次设备起到保障和辅助作用的设备，对电网运营的安全性、可靠性和智能性起重要作用。具有科技含量高、技术更新快、生产周期短、市场竞争激烈等特点。二次设备主要有电源系统、继电保护及自动装置、数据网络设备、用电信息采集等设备。

3. 装置性材料

装置性材料主要应用于电网项目线路工程，具有需求量大、技术含量相对较低、生产厂家众多的特点。主要有杆塔类、导线和地线、光缆、电缆、电缆附件、金具、绝缘子等。

4. 通信设备

通信设备主要应用于电网通信工程的建设及信息化建设等方面，具有科技含量高、作用显著的特点，在构建现代化智能电网的建设方面具有不可或缺的作用。通信设备包括了 17 种物资，主要有同步时钟设备、资源管理系统、卫星通信系统、电话及电视会议系统、通信网络管理系统、通信配线设备、通信电源系统、动力环境监控系统、数据通信网设备、数字移动及无线接入设备等。

5. 其他物资

其他物资主要有：信息设备（加密认证、防火墙）、仪器仪表（电能表）、智能变电站二次设备等。

任务二 电网物资的存放与码放

》【任务描述】

本任务主要讲解电网物资存放、码放和仓储单元化方式。通过对存放、码放方法和单元化方式进行介绍，了解电网物资存放、码放单元化原则和要求，掌握物资存放、码放方法与仓储单元化方式。

一、电网物资的存放

物资的存放是物资在仓储过程中的一种方式或方法。物资储存保管业务活动分为入库、保管保养、出库三个过程，科学、合理的物资储存保管业务对于简化工作程序、提高生产和工作效率都会起到积极的作用。

（一）物资储存保管的指导思想、原则和要求

1. 物资储存保管的指导思想

物资储存保管的指导思想是做到"三快""两好"，让用户满意。其中，"三快"指入库验收快，出库发运快，解决问题快；"两好"指在库物资保管好，不发生数量短缺，不降低使用价值和为用户服务好。

2. 物资储存保管的原则

（1）分类存放。分类存放是仓库储存规划的基本要求，是保证物资质量的重要手段，因此也是码放需要遵循的基本原则。主要包括：

1）不同类别的物资分类存放，甚至分区分库存放；

2）不同规格、不同批次的物资要分位、分堆存放；

3）残损物资与原货分开存放；

4）对于需要分拣的物资，在分拣之后，应分位存放，以免混串。

此外，分类存放还包括不同流向物资、不同经营方式物资的分类分存。

（2）选择适当的搬运活性。为了减少作业时间、次数，提高仓库物流速度，应该根据物品作业的要求，合理选择物品的搬运活性。对搬运活性高的入库存放物品，应注意摆放整齐，以免堵塞通道，浪费仓容。

（3）面向通道，不围不堵。货垛以及存放物品的正面应尽可能面向通道，以便察看，且所有物品的货垛、货位都应有一面与通道相连，处在通道旁，以便能对物品进行直接作业。只有在所有的货位都与通道相通时，才能保证不围不堵。

（4）根据出库频率选定位置。出货和进货频率高的货物应放在靠近出入口、易于作业的地方；流动性差的货物放在距离出入口稍远的地方；季节性货物则依其季节特性选定放置的场所。物资流动性存放分析如图1-5所示。

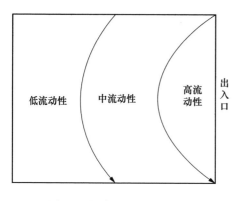

图 1-5　物资流动性存放分析

（5）同一品种在同一地方保管。为提高作业效率和保管效率，同一货物或类似货物应放在同一地方保管。员工对库内货物放置位置的熟悉程度直接影响出入库的时间，将类似货物放在邻近的地方也是提高效率的重要方法。

3. 物资储存保管的要求

对物资储存保管工作的基本要求是快进、快出、保管好、费用省。

（1）快进：充分做好进货准备工作，安排好物资入库的场地、货位和垛型；不压车、压线，及时验收、堆码、签单入库；做到快而不乱，既准又快。

（2）快出：合理安排和组织人员和机械设备，提高装卸、发货速度并做好出库的复核、点交工作，不发生错发、串发等事故。

（3）保管好：对于储存期间的物资要勤检查，发现问题及时采取措施；加强对存货的维护与保养，确保物资在库储存期间数量不短缺、使用价值不改变。

（4）费用省：节省各项开支，降低成本，提高仓库经济效益。

仓库要把防火、防盗和防自然灾害、防霉变残损，确保物资、仓储设施、机械设备及人身安全作为仓储工作的重中之重。

4. 仓库"五防"

仓库"五防"是指防火、防盗、防潮、防虫、防鼠。

（1）防火措施。

1）仓库内应配备充足、有效的消防器材。

2）灭火器材的选择必须根据物料的性质、特点而定。

3）仓库管理员必须熟悉灭火设备的使用方法及注意事项，并会使用消防器材。

4）仓库内严禁有任何形式的明火、明线装置。仓库内的照明、电气装置应采用隔离、封闭或防爆型的装置，电线应用暗线或线槽。

5）仓库内禁止吸烟；禁止将任何可燃物、易爆品德火种带入仓库。

6）仓库管理员应经常检查仓库中的报警、灭火装置。

7）对仓库中出现的任何问题或事故隐患，都要立即报告，及时解决。

8）人离仓库应立即关掉所有电源。

（2）防盗措施。

1）仓库管理员要经常巡查仓库，检查门窗的严密性、牢固性。

2）下班前要检查门窗是否关好、上锁。

（3）通风防潮。

1）仓库应通风良好，防潮防霉。

2）仓库所有物料应按保存要求分别放置于货架或密闭容器中，避免受潮。

3）仓库根据需要设置温、湿度的控制设施，以保证物料正常的储存条件，并做好仓库温、湿度记录。

（4）防虫措施。

1）一旦发现有昆虫，应立即用灭蝇拍消灭。

2）对在保质期内的物品应加强检查并进行必要的防虫、灭虫措施；已超过保质期的货物应妥善处理，以免污染周围环境。

（5）防鼠措施。

1）仓库里装设有效的捕鼠设施。

2）仓库里不许用毒饵和各种化学物品进行鼠虫控制。

3）沿仓库内四边分别设置捕鼠夹，放在老鼠经常出没的角落。捕鼠夹按说明放置、更换。

4）仓库管理员经常检查捕鼠夹。如捕到老鼠，应用水淹死，不得浇洒汽油、乙醇等易燃品焚烧。

（二）物资储存保管业务流程

仓库要按图 1-6 所示的业务流程做好存货的保管工作，以达到"快进、快出、保管好"的要求。

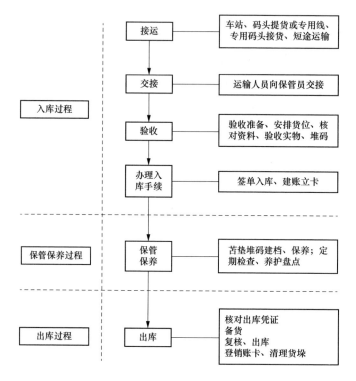

图 1-6　物资储存保管业务流程图

（三）常用电网物资的存放

1. 线缆类物资存放

线缆物资种类存放要求：①同一区域或仓位不得混放；②将线缆轴轴孔（条形码标签）面朝过道方向，按线缆轴尺寸相近原则从低到高整齐码放；③物资码放需横竖成行，不压内线边缘；④墙距大于 30cm。

线缆类物资存放时可选择两种存放形式：

（1）以排结构存放，每两排为一组，每组之间留约 100cm 宽的过道，为人工作业空间，如图 1-7 所示。

（2）以列结构存放，每两列为一组，每组之间留约 100cm 宽的过道，为人工作业空间。为了便于标签的扫描，贴标签位置须留出 30cm 作业空间，如图 1-8 所示。

图 1-7　排结构码放

2. 非货架区其他类物资存放

（1）按物资种类存放，同一区域或仓位不得混放，按尺寸相近原则从低到高整齐存放；物资存放时需将包装正面朝过道方向存放；物资存放需横竖成行，不压内线边缘；墙距大于 30cm。

图 1-8　列结构存放

注意：如仓库采用手动液压叉车，

通道宽度应增至 150cm。

物资存放可以选择两种存放形式：

1）以排结构存放，每两排为一组，每组之间留约 100cm 宽的过道，为人工作业空间，标签方向朝向作业通道，如图 1-9 所示。

图 1-9　排结构存放

2）以列结构存放，每两列为一组，每组之间留约 100cm 宽的过道，为人工作业空间，标签方向朝向作业通道，如图 1-10 所示。

图 1-10　列结构存放

注意：如仓库采用手动液压叉车，通道宽度应增至 150cm。

（2）无附件或附件较少的物资，按照电网要求"五五码垛"（五个一层、五个一堆、五十成行），附件需紧贴主设备整齐存放，如图 1-11 所示。

图 1-11　"五五码垛"存放

（3）附件较多的成套物资按区域整体存放，主设备置于前方，附件置于主设备后面整齐排列存放，如图 1-12 所示。

（4）无包装物资需要按照物资类别，同型号或同外形整齐存放。可堆叠物资需严格控制堆叠层数，不得超范围堆高码放，防止压损物资。

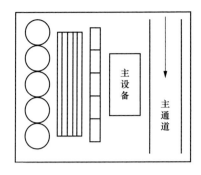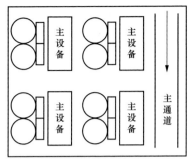

图 1-12　含附件物资的存放

3.货架区物资存放

轻中型货架存放不得凸出货架范围 5cm，按照物资类别、包装进行分检，每个仓位存放一种物资；包装正面朝向过道方向存放；无包装的物资按排、列整齐存放，不可堆叠。货架区物资存放示例如图 1-13 所示。

图 1-13　货架区物资存放示例

托盘码放物资后，不得凸出货架横梁 5cm；托盘与立柱之间距离控制在 10～15cm，托盘间距应在 10～15cm，便于存取，保证安全。

二、电网物资的码放

(一)物资码放的概念

物资码放是仓储物资保管中对每垛物资规范化的堆放，就是根据物资的包装形状、性能特点、重量、数量，结合季节、气候、储存时间等，将物资按一定规律码成各种垛形的方法。物资码放表明物资的入库阶段已经

15

结束，开始了物资的保管阶段。

码放的主要目的是便于对物品进行维护、查点等管理和提高仓库利用率。物资的码放直接影响物资的保管，应做到使仓库物资管理更方便，更准确。合理的码放是保证物资不变形、不变质的必要条件，也是提高仓库劳动生产率、减少差错的必要措施。同时，不同的码放方式还影响着库容的利用，甚至决定着仓库内部立体化规划设计和仓库平面规划设计。因此，研究物资的码放是做好仓储设计工作的重要内容。

（二）物资码放的基本原则和要求

1. 基本原则

码放的基本原则是充分考虑码放的合理性、牢固性、定量性及整齐、节约、方便，做到过目成数；另外还需考虑地坪承载能力、允许堆积层数等。

（1）尽可能向高处码放，提高保管效率。有效利用库内容积，尽量向高处码放；为防止破损，保证安全，应当尽可能使用货架等保管设备。

（2）注意上轻下重，确保稳固。当货物重叠码放时，应将重的货物放在下面，轻的货物放在上面。

（3）便于识别原则。将不同颜色、标记、分类、规格、样式的商品分别存放。

（4）便于点数原则。每垛商品可按 5 或 5 的倍数码放，以便于清点计数，本质是过目成数。

（5）依据形状安排保管方法。依据物品形状来保管也是很重要的，如标准化的商品应放在托盘或货架上保管。

2. 要求

（1）对码放物资的要求。

1）对物资的基本要求。物资正式码放时，必须具备以下基本要求：①物资的数量、质量已经彻底查清；②包装完好，标志清楚；③外表的玷污、尘土等已经清除，不影响商品质量；④受潮、锈蚀以及已经发生某些质量变化或质量不合格的部分，已经加工恢复或者已经剔出另行处理，与合格品不相混杂；⑤为便于机械化操作，金属材料等应该打捆的已经打捆，机电产品和仪器仪表等可集中装箱的已经装入合用的包装箱。

2）物资码放的基本要求。码放作业是一项技术含量较高的工作，在码放苫垫物资时，需要遵循一些必要的基本要求，如表 1-2 所示。

表 1-2　　　　　　　　　　　　　物资码放的基本要求

原则	说明
合理	在选择物资垛形时，要综合考虑物资的性质、仓库容量，使选择的垛形既有利于物资的储存保管，又便于储存作业的其他活动，如装卸、消防。最基本的原则是在物资码放时，重不压轻、缓不压急，能够保证后进物资不堵住先进物资
牢固	货垛要稳定结实，不偏不斜。必要时可以使用衬垫来固定物资。货垛堆放较高时，其上部应适当收缩，以防物资倾倒滚落
定量	每行每层的数量力求成整数。过秤商品不成整数时，每层应该明显分隔，标注重量，这样做便于清点发货
整齐	货垛堆放要整齐，对于相同的物资，其垛形、垛高、垛间距要统一。货垛码放时，垛边横竖成列，货垛边不压储存区域的画线。有外包装的物资，要将有标记的部分朝外，以方便确认
节约	在确保安全的前提下，要尽量利用仓库容积，提高仓库面积利用率，并从节约劳动力和降低保管费用的角度来安排

（2）对码放场地的要求。

1）库内码放。货垛应该在墙基线和柱基线以外，垛底需要垫高。

2）货棚内码放。货棚需要防止雨雪渗透；货棚内的两侧或者四周必须有排水沟或管道；货棚内的地坪应高于货棚外的地面，最好铺垫沙石并夯实。堆垛时要垫垛，一般应码高 30～40cm。

3）露天码放。码放场地应该坚实、平坦、干燥、无积水以及杂草，场地必须高于四周地面，码底还应该码高 40cm，四周必须排水畅通。

（三）物资码放方法

1. 筹备工作

（1）码垛可堆层数、占地面积的确定。商品在堆垛前，必须先计算码垛的可堆层数及占地面积。对于规格整齐、形状一致的箱装商品，可参考以下公式计算：

占地面积＝总件数/可堆层数×每件商品底面积（m²）

其中，码垛可堆层数有两种计算方法：

1）地坪不超重可堆层数计算方法（在仓库地坪安全负载范围内不超

17

重）。指堆垛的重量必须在建筑部门核定的仓库地坪安全负载范围内（通常以 kg/m² 为单位），不得超重。因此，商品在堆垛前，应预先计算码垛不超重可堆高的最多层数。

2）码垛不超高可堆层数计算方法如下：

不超高可堆高层数＝仓库可用高度/每件货物的高度

在确定码垛可堆高层数时，除了应考虑以上两个因素外，还必须注意底层商品的可负担压力，不得超过商品包装上可叠堆的件数。根据上述三个可堆高层数的考虑因素，在计算出的可堆高层数中取最小的可堆高层数，作为堆垛作业的堆高层数。

（2）码垛底层排列。码垛底层排列一般应计算出码垛可堆高层数，再进行码垛底层排列，主要包括以下两个步骤：

1）码垛底数计算。底层商品数的多少与货位的面积成正比，与每件商品的占地面积成反比；与码垛总件数成正比，与码垛可堆高层数成反比。

2）码垛底形排列。码垛底形排列的方式一般根据货位的面积及每件商品的实占面积来综合安排。底形排列的好坏直接关系到码垛的稳定性、收发货作业方便性，应重视抓好。

（3）做好机械、人力、材料准备。垛底应该打扫干净，放上必备的垫墩、垫木等垫垛材料，如果需要密封货垛，还需要准备密封货垛的材料等。

2. 货垛的距离要求

货垛的距离要求主要是指"五距"，即垛距、墙距、柱距、顶距和灯距。叠垛时，不能依墙、靠柱、碰顶、贴灯；不能紧挨旁边的货垛，必须留有一定的间距。

（1）垛距。货垛与货垛之间的必要距离称为垛距，常以支道作为垛距。垛距能方便存取作业，起通风、散热的作用，方便消防工作。库房垛距一般为 0.5～1m，货场一般不少于 1.5m。

（2）墙距。为了防止库房墙壁和货场围墙上的潮气对货物的影响，也为了开窗通风、消防工作、建筑安全、收发作业，货垛必须留有墙距。墙距分为库房墙距和货场墙距，其中，库房墙距又分为内墙距和外墙距。内墙是指墙外还有建筑物相连，因而潮气相对少些；外墙则是指墙外没有建筑物相连，所以墙上的湿度相对大些。要求库房的外墙距为 0.3～0.5m；内墙距为 0.1～0.2m；货场只有外墙距，一般为 0.8～3m。

（3）柱距。为了防止库房柱子的潮气影响货物，也为了保护仓库建筑物的安全，必须留有柱距，一般为 0.1～0.3m。

（4）顶距。货垛堆放的最大高度与库房、货棚屋顶间的距离称为顶距。顶距能便于搬运作业，能通风散热，有利于消防工作，有利于收发、查点。顶距的一般规定是：平库房为 0.2～0.5m；人字形库房以屋架下弦底为货垛的可堆高度；多层库房中底层与中层为 0.2～0.5m，顶层须大于或等于 0.5m。

（5）灯距。货垛与照明灯之间的必要距离称为灯距。为了确保储存货物的安全，防止照明灯发出的热量引起靠近货物的燃烧而发生火灾，货垛必须留有灯距。灯距严格规定不少于 0.5m。

3. 电网物资码放的方法

根据物资的特性、包装方式和形状、保管的需要，确保物资质量、方便作业和充分利用仓容，以及仓库的条件确定存放方式。物资码放的方法主要有垛堆法、货架法和五五码放三种，如表 1-3 所示。

表 1-3　　　　　　　　　　　常用的码放方式

码放方式	适用条件	主要方法
堆垛法	适用于有外包装的物资或者不要包装的大宗物资	重叠式、纵横交错式、仰伏相间式、鱼鳞式、压缝式、栽柱式、通风式、宝塔式
货架码放	适用于存放小件物资或不宜堆高的物资	—
五五化码放	根据物资的不同形状，将物资码成各种不同垛形，每垛总数为 5 的倍数，以便进行物资清点	有平行五、直立五、梅花五、三二五、一四五、平方五、立方五以及行列五、重叠五、压缝五、纵横五等形式

（1）基本方法。

1）堆垛法。对于有包装（如箱、桶、袋、箩筐、捆、扎等包装）的货物，包括裸装的计件货物，采取堆垛的方式储存，如图 1-14 所示。堆垛方法储存能充分利用仓容，做到仓库内整齐，方便作业和保管。物品的码放方式主要取决于物品本身的性质、形状、体积、包装等。常见的物资码放方式有重叠式、压缝式、纵横交错式、通风式、栽柱式、俯仰相间式等。一般情况下多采取平放（卧放），使重心最低，最大接触面向下，易于码放，稳定牢固。注意也有些物品不宜平放码放，必须竖直立放。

图 1-14　堆垛法示例

A. 重叠式。重叠式又称宜叠式，是将货物逐件、逐层向上整齐地码放，如图 1-15 所示。这种方式稳定性较差，易倒垛，一般适合袋装、箱装、平板式的货物。

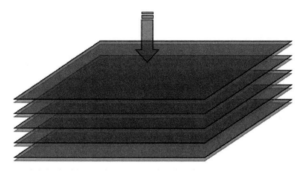

图 1-15　重叠式

B. 压缝式。压缝式是指上一层货物跨压在下一层两件货物之间。如果每层货物都不改变方式，则形成梯形形状，如图 1-16 所示；如果每层都改变方向，则类似于纵横交错式。

C. 纵横交错式。纵横交错式指每层货物都改变方向向上堆放，如图 1-17 所示。采用这种方式码货稳定性较好，但操作不便，一般适合管材、扣装、长箱装货物。

D. 通风式。采用通风式堆垛时，每件相邻的货物之间都留有空隙，以便通风防潮、散湿散热，如图 1-18 所示。这种方式一般适合箱装、桶装以及裸装货物。

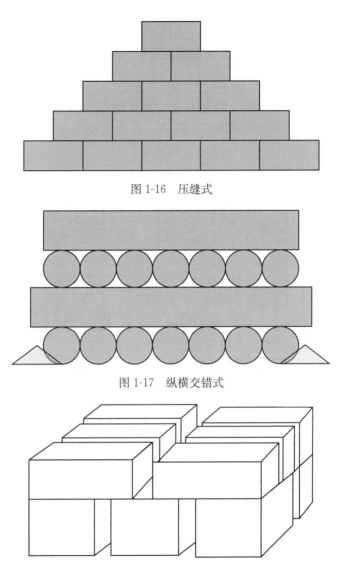

图 1-16　压缝式

图 1-17　纵横交错式

图 1-18　通风式

　　2）货架法。货架法是直接使用通用或者专用的货架进行货物码放，这种方法适用于小件、品种规格复杂且数量较少、包装简易或脆弱、易损害不便堆垛，特别是价值较高而需要经常查数的货物仓储存放。常用的货架有托盘货架、悬臂架、橱柜架、多层立体货架、U 形架、板材架、多层平面货架等。

3）"五五化"码放。"五五化"码放法也称"五五化"摆放法或"五五化"法、"五五化堆垛""仓库管理五五化"，是根据物资的不同形状，以五为基本计算单位，码成各种不同垛型。每一垛型为五或十的倍数。即摆成五、十成行、成方、成捆。横看成行、竖看成列，左右对齐、过目成数、美观整洁，具有利于物资的收发、保管、盘点、检查等优点，提高库房利用率。"五五化"码放法示例如图 1-19 所示。

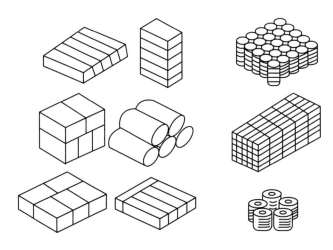

图 1-19　"五五化"码放法示例

"五五化"码放的主要形式有平行五（平放五件）、直立五（直叠五件）、梅花五（五件环形排列）、三二五（二件顶三件或二件压三件）、一四五（一件顶四件）、平方五（长、阔各为五件）、立方五（长、阔各为五件）以及行列五、重叠五、压缝五、纵横五等。

（2）电网物资码放方法

常用电网物资码放方式推荐如图 1-20～图 1-24 所示。

4.物资码放注意事项

（1）货物应面向通道进行保管。为使货物出入库方便，容易在仓库内移动，基本条件是将货物面向通道保管。

（2）尽可能向高处码放，提高保管效率。为有效利用库内容积应尽量向高处码放，为防止破损、保证安全，应当尽量使用棚架等保管设备。

图 1-20　布电线类物资码放标准示例

(a) 当在地面（货架底层）存放时，
可使用托盘进行码放

(b) 抱箍存放在货架二层（含）以上，
应采用仓储笼，保障存取安全

(c) 对于无法稳定码放的铁附件，
使用仓储笼进行码放

(d) 对于铁附件小件(不易码放)物资，
使用托盘+托盘围板进行码放

图 1-21　铁附件类物资码放标准示例

图 1-22　横担类物资（长条状）码放标准示例

(a) 绝缘子（瓷瓶）可使用托盘框进行码放存储　　　(b) 托盘框可拆装、堆叠

图 1-23　绝缘子（瓷瓶）类物资码放标准示例

图 1-24　大件物资（裸装或木箱包装）码放标准示例

（3）根据出库频率选定货物码放位置。出货和进货频率高的物品应放在靠近出入口、易于作业的地方；流动性差的货物房在距离出入口稍远的地方；季节性货物则依其季节性特性来选定放置场所。

（4）同一品种应在同一地方保管。为提高作业效率和保管效率，同一货物或类似货物应放在同一地方保管，员工对库内货物放置位置的熟悉程度直接影响出入库效率，将类似的货物放在邻近的地方也是提高效率的重要方法。

（5）根据货物的重量安排保管位置。安排放置场所时，要把重的货物放在货架下部，把轻的货物放在货架的上部。这是提高效率、保证安全的一项重要措施。

（6）依据货物形状安排保管方法。依据货物形状保管也是很重要的，如标准化的货物应放在托盘或货架上来保管。

（7）先进先出的原则。对于易变质、易破损、易腐败的货物和机能易退化、老化的货物，应尽可能按先进先出的原则，加快周转。由于当前货物的多样化、个性化、使用寿命普遍缩短，这一原则十分重要。

三、物资仓储单元化方式

单元化是指将单件或散装物品，通过一定的技术手段组合成尺寸规格相同、重量相近的标准单元，这些标准单元作为一个基础单位，又能组合成更大的集装单元。从运输角度来看，单元化集装所组成的组合体往往又正好是一个装卸运输单位，非常便于装卸和运输。

各电网公司在进行仓储规划设计时，一定要将单元化技术和标准化规格考虑在内，不仅仅考虑本公司以前的使用习惯与产品规格，更重要的是要将本公司仓储内部的物流供应链与企业外的社会化供应链融合到一起，这样才能实现仓储单元化的目的。

单元化技术具有系统的概念，因此贯穿电网仓储系统的各个环节，从仓库进货，到堆码、储存、保管、分拣、配送、运输、回收等诸多环节都会出现单元化容器的形态。单元化技术要对物流整个过程各个环节和活动进行综合、全面的管理。这里以周转箱、托盘、仓储笼和成套单元化进行介绍。

（一）周转箱单元化

1. 概念

周转箱作为典型的集装单元化器具，能将零散的货物集合成规格一致、具有一定体积和重量的货物单元，广泛用于物流中的运输、储存、流通加工、配送等环节。周转箱可与多种物流容器和工位器具配合，用于各类仓库、生产现场等多种场合。周转箱有助于物流容器的通用化、一体化管理，是电网公司进行现代化仓储管理的必备品。因此，周转箱在电网仓储集装单元化物流中的功能十分突出。

2. 分类

按照性能分类，可分为可堆式周转箱、可插式周转箱、折叠式周转箱和万通板周转箱等几种。在电网仓储中以可堆式周转箱和塑料零件盒使用最为广泛。

图 1-25　可堆式周转箱

（1）可堆式周转箱。其常作为小件物资整理和存储使用，塑料材质，尺寸为 600mm×400mm×280mm，承重 50kg，如图 1-25 所示。

（2）塑料零件盒。其作为存放各种零件，方便零件管理的储存设备，常用于人工零星拣选物资，有的一侧有开口，如图 1-26 和图 1-27 所示。

图 1-26　塑料平口零件盒及其应用

图 1-27 塑料斜口零件盒及其应用

（二）托盘单元化

托盘作为电网仓储运作过程中重要的装卸、运输储存设备，与叉车配套使用，发挥着巨大的作用。托盘可以实现物品包装的单元化、规范化和标准化，保护物品，方便物流和有助于商流。托盘作业不仅可以显著提高装卸效果，还使仓库建筑形式、装卸设施、运输方式及管理组织等方面都发生了巨大变化，能够促进包装规格化和模块化，是迅速提高装卸搬运效率和使物资流动过程有序化的有效手段，在降低成本和提高效率方面发挥着巨大作用。

托盘种类多样，其中最典型的是平托盘。平托盘几乎是托盘的代名词，包括塑料平托盘、木托盘等，其变形体有柱式托盘、架式托盘（集装架）、笼式托盘、箱式托盘和可折叠式托盘等。图 1-28 所示为电网仓储中常见的托盘单元化。

(a) 木质托盘   (b) 塑料托盘

图 1-28 电网仓储中常见的托盘单元化（一）

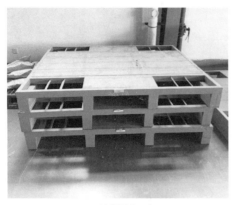

(c) 钢托盘

(d) 托盘框

(e) 电缆托盘

(f) 托盘围板

图 1-28　电网仓储中常见的托盘单元化（二）

（三）仓储笼单元化

仓储笼具有坚固耐用、运输便捷、能重复使用、存放物资容量固定、堆放整洁、存放一目了然、便于库存清点等优点。它的类型多样且可堆放作业，不仅可以用于仓储，还可以用于展示促销，且可以在户外使用。电网仓储中常见的仓储笼单元化如图 1-29 所示。

（四）成套单元化

成套单元化通俗讲就是指一套设备所组成的单元化。把不同种类、一定数量的物资组合成为一定规格的存储单元，优点在于：能保证物资的安全与完整，便于工程物资发放更快，节省作业时间。

(a) 仓储笼绝缘子单元化　　　　　　　　(b) 仓储笼铁附件单元化

图 1-29　仓储笼单元化

1. 台区成套

在电网系统中，台区成套是指以特定供电范围或区域的一套变压器设备为主所组成的单元化，如图 1-30 所示。台区成套化物资管理能够统一和规范仓储变压器管理行为，做到精细化管理，进而提高仓储经营效益。

图 1-30　台区成套

2. 线路成套

线路成套指以输电线路为主所组成的单元化、如图 1-31 所示。

3. 杆塔成套

杆塔成套指铁塔拆装，每基捆包后所组成的单元化，如图 1-32 所示。杆塔成套的优点在于每基捆绑、易管理、利用空间条件和搬运方便化。

图 1-31　线路成套

图 1-32　杆塔成套

项目一测试题

项目二

电网仓储简介

【项目描述】

本项目介绍电网仓储的发展特点和分类。通过详细介绍，了解电网仓储的发展过程，掌握其特点和分类。

任务一 电网仓储特点

≫【任务描述】

本任务主要讲解电网仓储特点。通过仓储发展阶段、特点两方面介绍，了解电网仓储的发展过程，掌握电网仓储特点。

一、电网仓储的发展阶段

仓储管理是电网公司物流管理的一个重要组成部分，仓储管理可以帮助公司加快物资流动的速度、降低成本，保障电网建设和生产顺利进行，并可以实现对物力资源的有效控制和管理。电网仓储管理经历了以下发展阶段。

1. 人工阶段

此阶段物资的输送、仓储、管理、控制主要依靠人工及辅助机械来实现。物资可通过各种各样的叉车、堆垛机和升降机来移动和搬运，用货架托盘和可移动货架存储物料，通过人工操作机械存取设备。

2. 信息化阶段

此阶段通过电子计算机、传感器械、电子设备、通信线路、遥测遥控等装置，对仓库物资信息实现自动控制。其中，仓储作为物流各环节的接合部，涉及入库、在库、盘点、分拣、出库、补货等各方面，流通的信息量非常大，包括物资种类数量、用途、储存位置、库存状况等。因此，利用信息技术，在产品一入库就贴上唯一识别的标签，通过条形码技术、射频技术、扫描技术、数据通信技术实现物资的入库，使所采集的数据自动导入标准化的、联网的数据库。仓储信息化网络化管理，已经成为提高物流运转效率非常必要的手段。

3. 数字化阶段

此阶段利用成熟的计算机网络和射频识别技术对仓库产品的入库、存放、调拨、出库、盘点、检索、发货等环节进行管理。将物资以托盘或包装箱等形式为基本数字化管理单位，即托盘或包装箱上嵌入（粘贴）一个电子标签，实现大量物资的精确数字化管理，具有数字管理最简单、最客观、速度快等优点。其中，电子标签在电网仓储中的应用是基于数字仓库管理应用软件、计算机网络技术、现代物流立体高架仓库思想等实现的。

4. 智慧化阶段

智慧仓储，是通过信息化、物联网和机电一体化共同实现的智慧物流，从而降低仓储成本、提高运营效率、提升仓储管理能力的一种仓储管理理念。其中，无人仓储是智慧仓储的一种方式，智慧仓储的概念包含无人仓储，智慧仓储不等于无人仓储。

电网仓储从人工阶段到信息化阶段，再到数字化阶段，最后到智慧化阶段，其发展并不是绝对的。在现阶段，由于仓库功能、层级等不同，它们是可以并存的。

常见的电网物资需求如图 2-1 所示。

二、电网仓储的特点

由于电力行业具有高科技、高专业化的特点，因此电网物资仓储管理具有以下特点：

1. 存储要求高

由于电网工程建设、设备维护等作业规模大、形式多样等特点，使得仓储规模、物资种类繁多和大小（形式）不一，所有这些都对仓储物资存储及防护提出了更高的要求。为了保障电网公司的正常运转，需要储备足够的物资，并建立科学、完善的物资管理体系，满足电网公司在生产过程中对物资的需求。

(a) 基本建设　　　　　　(b) 雪灾　　　　　　(c) 水灾

(d) 地震　　　　　　　　(e) 台风

图 2-1　常见的电网物资需求

2. 存储难度大

由于物资储备容易受到施工状况、供需状况、施工与维护季节、建设周期等多种因素的影响，加上物资从仓储到供货的整个过程中也存在很多的不确定因素，使得物资存储量波动比较大；并且仓储物资品种多、数量大、调动工作量大等特点，这些都使仓储物资管理复杂性很高。因此，电网公司仓储物资管理人员不但要熟练掌握各种物资的性能、特征等，还要熟练掌握计算机操作，实现对仓储物资的信息化管理。

3. 仓储发展参差不齐

有些运行多年的电网物资仓库，其仓储设备大多老旧，多处于以人工作业为主的状态。由于新的装卸设备价格昂贵，有些公司无太多资金投资在更新设备上，导致仓储作业效率较低，增加了装卸作业的难度。此外，各单位仓库建设、管理和存放物资等情况不一，仓库等级多，使得其服务对象、用途和功能各不相同。这些都使得仓储技术发展方面不平衡，严重影响着电网仓储行业整体的运作效率。

4. 无人仓的应用日臻完善

无人仓指的是物资从入库、上架、拣选、补货，到包装、检验、出库等仓储作业流程全部实现无人化操作，是高度自动化、智能化的仓库。也有观点认为，基于高度自动化、信息化的物流系统，在仓库内即便有少量工人即可实现人机高效协作，仍然可以视为无人仓。甚至有部分人士认为，在物资搬运、上架、拣选、出库等主要环节逐步实现自动化作业，也是无人仓的一种表现形式。

事实上真正的无人仓建设难度很大，目前无人仓里的大部分物流技术设备早就开始应用，并非无人仓专属或为其专门研发的，而是基于已有的物流设备、物流软件及系统的功能增强、拓展或补充。无人仓所需技术主要包括自动化立体库（AS/RS 系统）、机器人、输送系统和人工智能算法与自动感知识别技术。

任务二　电网仓储分类

≫【任务描述】

本任务主要讲解电网仓储分类，通过介绍层级、功能、形态和机械化程度四方面分类内容，掌握电网仓储分类方法。

对电网仓储进行分类的依据主要有层级、功能、仓库形态和机械化程度。其中，按层级进行分类，主要有总部储备仓库、省公司仓库、地市公司仓库、县公司仓库和专业仓库五种；按照功能进行分类，主要有配送中心型仓库、存储中心型仓库和物流中心型仓库三种；按照形态进行分类，主要有库房、室外料棚和露天堆场三种；按照机械化程度进行分类，主要有人工仓库、机械化仓库、自动化仓库和智能仓库四种。

一、按层级分类

电网仓库按照电网仓储层级定位，分为总部储备仓库、省公司仓库、地市公司仓库、县公司仓库和专业仓库五大类，具体如表 2-1 所示。

表 2-1 电网公司仓库分类表

仓库类型	功能定位
总部储备仓库	进行应急物资的集中储备和重大突发事件的应急物资供应保障
省公司仓库	作为仓储网络的枢纽，进行所属省范围内通用物资资源的集中储存与配送，向地市公司仓库、县公司仓库进行补库
地市公司仓库	作为仓储网络的中转，进行所属地市范围内运维物资、备品备件、废旧物资和可用退役资产等物资的存储
县公司仓库	对所属县公司范围内的运维物资和备品备件等进行存储
专业仓库	对领用后的备品备件、日常检修用物资、电能计量器具和用电信息采集设备等物资进行临时储存

二、按功能分类

作为储存物资的重要地方，电网仓储按照功能定位，可以分为配送中心型仓库、存储中心型仓库和物流中心型仓库三大类。其中，配送中心（流通中心）型仓库具有收发货、配送和流通加工的功能；存储中心型仓库是以储存和收发货为主的仓库；物流中心型仓库则是具有储存、收发货、配送、流通加工功能的仓库。各类型仓库功能如表 2-2 所示。

表 2-2 常见仓库类型功能

仓库类型	储存	收发货	配送	流通加工功能
配送中心型仓库		√	√	√
存储中心型仓库	√	√		
物流中心型仓库	√	√	√	√

1. 配送中心型仓库

配送型中心仓库是指主要提供收发货和配送服务的仓库。配送中心以配送功能为主，以存储功能为辅。在物流供应链环节中，是一处物流节点，为电网公司做配送工序。利用流通设施、信息系统平台，对物资做倒装、分类、流通加工和配套等作业，为客户提供量身配送服务，目的是节约运输成本、提升客户满意度。

2. 存储中心型仓库

存储中心型仓库功能相对单一，主要提供收发货和存储服务，无配送功能。主要特征是储存区占整个仓库的面积80%以上，物资周转率相对较低。存储中心型仓库与配送中心型仓库的最大区别在于：配送中心型仓库内往往有较大的作业空间，用于完成分拣或其他加工作业；而存储中心型仓库内主要由货架或货位组成，体现其存储为主的特点。

3. 物流中心型仓库

物流中心型仓库是主要提供集储存、收发货、配送和流通加工等功能为一体的仓库。物流中心的功能相对齐全，具有一定的存储能力和调节功能。一般配有先进的物流管理信息系统，其主要功能是促使物资更快、更经济的流动。其优点是：集中储存，提高物流调节水平；统一配送，加快物流速度，缩短流通时间，降低流通费用流通加工，合理利用货源，提高经济效益。图2-2所示为某电网公司物流中心型仓库。

图2-2 物流中心型仓库

三、按形态分类

以仓库形态为分类依据，仓库主要分为库房、室外料棚、露天堆场等，如表2-3所示。其中库房类型包括单层库房和多层库房、单间库和多间库，如表2-4所示。

表 2-3 按 仓 库 形 态 分 类

仓库类型	储备物资特点	说明	示例
库房	(1) 有包装的户外运行设备; (2) 应急物资和备品备件; (3) 劳保和办公用品等	有顶盖、封墙、门窗、有通风孔道的专门用来存储物资的房屋	
室外料棚	(1) 无包装的户外运行设备; (2) 电缆和变压器类; (3) 废旧屏柜等	有顶盖、能防雨雪的存储物资的棚子,一般只适合于存储受温度变化影响不大的物资	
露天堆场	(1) 户外运行废旧设备; (2) 已报废物资等; (3) 适合露天存放的物资,如高低压电力电缆、架空导线、电杆、户外绝缘子、户外电流电压互感器、油浸变压器等	经过适当的地面和周围环境处理,上方没有任何建筑的用于存储物资的场地	

表 2-4　　　　　　　　　　　　按 库 房 类 型 分 类

仓库类型	储备物资特点	示例
单层库房	单层仓库是指平房式单层建筑的仓库。适于储存金属材料、建筑材料、矿石、机械产品、车辆、油类、化工原料、木材及其制品等。水运码头仓库、铁路运输仓库、航空运输仓库多用单层建筑，以加快装卸速度	
多层库房	多层仓库是指两层以上建筑的仓库，其结构大多采用钢筋混凝土结构，承受压力大，占地面积小，仓库容量大。该类仓库常设多层货架，进一步增加了物资储存量，为物资的储存提供了较优越的条件，还可为仓库实现机械化、自动化、开展科技养护和现代化管理打下基础	
单间库	单间库与单层仓库的特点类似	

续表

仓库类型	储备物资特点	示例
多间库	多间库是在同一平面上的单层单间库的组合，其主要特点有：①不同种类的物资可以按间存放；②防火、防盗，容易管控；③是物资分拣效率低，物资的可视化程度较差	

四、按机械化程度分类

按照机械化定位，电网仓库可分为人工仓库、机械化仓库、自动化仓库和智能仓库四种。

1. 人工仓库

物资的输送、仓储、管理和控制主要依靠人工来实现的仓库称为人工仓库，如图 2-3 所示。

2. 机械化仓库

物资在装卸、搬运、排列、拆码垛等作业环节及设备检查维修工序中，均采用机械作业的仓库为机械化仓库，如图 2-4 所示。

图 2-3　人工仓库　　　　图 2-4　机械化仓库

3. 自动化仓库

自动化仓库是人工不直接干预的情况下，能自动地存储和取出物料的仓储系统。其由高层货架、巷道堆垛起重机（有轨堆垛机）、入出库输送机系统、自动化控制系统、计算机仓库管理系统及其周边设备组成，可对集装单元物资实现机械化自动存取和控制作业，如图 2-5 所示。

4. 智能仓库

智能仓库能够通过信息化、物联网、云计算和机电一体化共同实现对仓库中货物的到货检验、入库、出库、调拨、移库移位、库存盘点等各个作业环节的数据进行自动化的数据采集，

图 2-5　自动化仓库

保证仓库管理各个环节数据输入的速度和准确性，确保公司准时掌握库存的真实数据，合理保持和控制库存，推动公司的现代化管理，从而达到降低仓储成本、提高运营效率、提升仓储管理能力的目的。智能仓库如图 2-6 所示。

图 2-6　智能仓库

项目二测试题

项目三

电网仓储设备

》【项目描述】

本项目介绍电网仓储设备分类和选择。通过电网仓储设备分类和选择两方面分析，了解电网仓储设备的分类，重点掌握储存设备分类和仓储设备选择。

任务一 电网仓储设备分类

》【任务描述】

本任务主要讲解电网仓储设备分类。通过储存设备、包装设备、集装单元器具、装卸搬运设备、流通加工设备、运输设备和信息采集与处理设备七类设备介绍，了解电网仓储设备的分类，重点掌握储存设备尤其货架系统的分类和选型原则。

》【知识要点】

按用途分类，电网仓储设备可分为：仓储设备、包装设备、集装单元器具、装卸搬运设备、流通加工设备、运输设备、信息采集与处理设备。

一、储存设备

储存设备是用于物资储藏、保管的设备。常用的储存设备有货架、托盘、计量设备、通风设备、温湿度控制设备、养护设备和消防设备等。

（一）货架系统分类

货架是现代化仓库不可或缺的组成部分，选择合适、品质优良的货架能够提升仓库管理的水平及效率，同时也可以降低仓储管理的成本。要选择合适的货架，首先需要了解货架的功能、分类及其特点。

1. 按货架安装方式分类

可分为固定型货架和移动型货架两种。

43

（1）固定型货架。固定型货架如图 3-1 所示，可细分为搁板式、托盘式、贯通式、重力式、压入式、阁楼式、钢结构平台、悬臂式、流动式、抽屉式和牛腿式货架等。

图 3-1　固定型货架

（2）移动型货架。移动型货架如图 3-2 所示，可细分为移动式货架和旋转式货架，其中移动式货架又可细分为轻中型移动式货架（又称密集架，分为手动和电动）、重型托盘式移动货架，旋转式货架又可细分为水平旋转式、垂直旋转式货架两种。

2. 按货架整体结构分类

可分为焊接式货架和组装式货架，分别如图 3-3 所示和图 3-4

图 3-2　移动型货架

所示。目前国内大多使用组装式货架。

3. 按仓库结构分类

可分为库架合一式货架和分离结构式货架。

（1）库架合一式货架。此种货架系统和建筑物屋顶等构成一个不可分割的整体，由货架立柱直接支撑屋顶荷载，在两侧的柱子上安装建筑物的围护（墙体）结构，又称为整体式货架，如图 3-5（a）所示。

图 3-3　焊接式货架

图 3-4　组装式货架

（2）分离结构式货架。这种货架系统和建筑物为两个单独的系统，互相之间无直接连接，如图 3-5（b）所示。

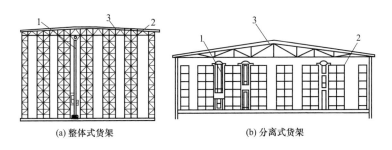

(a) 整体式货架　　　　　　　　(b) 分离式货架

图 3-5　货架分类（按仓库结构分类）

4. 按货架每层载重量分类

大致可分为轻、中、重型三类。

（1）轻型货架：每层载重量不大于200kg。

（2）中型货架：每层载重量为200～500kg。

（3）重型货架：每层载重量在500kg以上。

5. 按货架高度分类

大致可分为低位、中位、高位和超高位货架四类。

（1）低位货架：高度5m以下。

（2）中低位货架：高度5m以下。

（3）高位货架：高度5～12m。

（4）超高位货架：12m以上。

（二）货架系统的结构特点及选型原则

总部储备库、省公司库、地市公司库室内货架以横梁式货架和悬臂式货架为主，线缆类物资可采用线缆盘贮存货架。县公司库和专业库室内货架则以搁板式货架为主。零星散件物资采用托盘或周转箱保管。

各仓库配置货架种类和数量结合仓储储备物资类别配置，见表3-1。

表3-1　　　　　　　　各层级仓库使用存储设施参照表

仓库层级	仓库规模（m²）	横梁式货架（组）	悬臂式货架（组）	线缆盘架（组）	搁板式货架（组）	托盘（个）	可堆式周转箱（个）	塑料零件盒（个）
省公司库	30000	650	300	210	0	5360	300	0
	20000	450	160	120	0	3710	200	0
	10000	200	80	50	0	1650	100	0
地市公司库	8000	188	64	45	0	1550	100	0
	5000	135	48	30	0	1110	60	0
县公司库	1000	0	16	6	40	0	0	60
	500	0	12	4	20	0	0	40

注　1. 表中计列货架尺寸参考如下：
（1）横梁式货架每组货架尺寸为2500mm×1000mm×4500mm；
（2）悬臂式货架每组货架尺寸为1000mm（臂间距）×1000mm（单臂长）×4500mm（高度）；
（3）线缆盘架每组货架尺寸为1700mm×3000mm×3200mm；
（4）搁板式货架每组货架尺寸为2000mm×600mm×2000mm。
2. 各单位可根据现场实际情况对货架尺寸、选择和数量进行调整。
3. 专业仓储点结合仓库规模、存储物资特点等选择使用仓储设施。

1. 搁板式货架

搁板式货架通常均为人工存取货方式，组装式结构，层间距均匀可调，货物也常为散件或不是很重的已包装物品（便于人工存取），货架高度通常在 2.5m 以下，否则人工难以触及（如辅以登高车则可设置在 3m 左右）。

搁板式货架如图 3-6 所示，其单元货架跨度（即长度）不宜过长，单元货架深度（即宽度）不宜过深，按其单元货架每层的载重量可分为轻、中、重型搁板式货架，层板主要有钢层板、木层板两种。

图 3-6 搁板式货架

（1）轻型搁板式货架。其单元货架每层载重量不大于 200kg，总承载一般不大于 2000kg。单元货架跨度通常不大于 2m，深度不大于 1m（多为 0.6m 以内），高度一般在 3m 以内。常见的为角钢式立柱货架结构，外观轻巧、漂亮，主要适用于存放轻、小物品。资金投入少，广泛用于电子、轻工、文教等行业。

（2）中型搁板式货架。其单元货架每层载重量一般在 200～800kg 之间，总承载一般不大于 5000kg。单元货架跨度通常不大于 2.6m，深度不大于 1m，高度一般在 3m 以内。如果单元货架跨度在 2m 以内，层载在 500kg 以内，通常选无梁式中型搁板式货架较为适宜；如果单元货架跨度在 2m 以上，则一般只能选有梁式中型搁板式货架。无梁式中型货架与有梁式中型货架相比，层间距可调余地更大，更稳固、漂亮，与环境的协调性更好，更适于一些洁净度要求较高的仓库；有梁式中型搁板式货架则工业化特点强一些，较适用于存放金属结构产品。中型搁板式货架应用广泛，适用于各行各业。

（3）重型搁板式货架。其单元货架每层载重通常在 500～1500kg 之间，单元货架跨度一般在 3m 以内，深度在 1.2m 以内，高度不限，且通常是与重型托盘式货架相结合、相并存，下面几层为搁板式，人工存取作业，高度在 2m 以上的部分通常为托盘式货架，使用叉车进行存取作业。主要用于一些既需要整托存取，又要零存零取的情况，在大型仓储式超市和物流中心较为多见。

2. 托盘式货架

托盘式货架又称横梁式货架或货位式货架，通常为重型货架，如图 3-7 所示，在国内的各种仓储货架系统中最为常见。应用托盘式货架时，首先须进行集装单元化工作，即将货物包装及其重量等特性进行组盘，确定托盘的类型、规格、尺寸，以及单托载重量和堆高（单托货物重量一般在 2000kg 以内），由此确定单元货架的跨度、深度、层间距，根据仓库屋架下沿的有效高度和叉车的最大叉高决定货架的高度。单元货架跨度一般在 4m 以内，深度在 1.5m 以内，低、高位仓库货架高度一般在 12m 以内，超

图 3-7　托盘式货架

高位仓库货架高度一般在 30m 以内（此类仓库基本均为自动化仓库，货架总高由若干段 12m 以内立柱构成）。此类仓库中，低、高位仓库大多用前移式电瓶叉车、平衡重电瓶叉车、三向叉车进行存取作业，货架较矮时也可用电动堆高机，超高位仓库用堆垛机进行存取作业。此种货架系统空间利用率高，存取灵活方便，辅以计算机管理或控制，基本能达到现代化物流系统的要求。广泛应用于制造业、第三方物流和配送中心等领域，既适用于多品种小批量物品，又适用于少品种大批量物品。此类货架在高位仓库和超高位仓库中应用最多（自动化仓库中货架大多用此类货架）。

3. 贯通式货架

贯通式货架又称通廊式货架、驶入式货架，如图 3-8 所示。此种货架

排布密集，空间利用率极高，几乎是托盘式货架的 2 倍，但货物必须是少品种大批量型，货物先进后出。应用贯通式货架时，首先须进行集装单元化工作，确定托盘的规格、载重量及堆高，由此确定单元货架的跨度、深度、层间距，根据屋架下沿的有效高度确定货架的高度。靠墙区域的货架总深度最好控制在 6 个托盘深度以内，中间区域可两边进出的货架区域总深度最好控制在 12 个托盘深度以内，以提高叉车存取的效率和可靠性。此类货架系统中，叉车为持续"高举高打"作业方式，叉车易晃动而撞到货架，故须充分考虑稳定性。此类仓储系统稳定性较弱，货架不宜过高，通常应控制在 10m 以内，且为了加强整个货架系统的稳定性，除规格、选型要大一些外，还须加设拉固装置。单托货物不宜过大、过重，通常重量控制在 1500kg 以内，托盘跨度不宜大于 1.5m。常配叉车为前移式电瓶叉车或平衡重电瓶叉车。

4. 重力式货架

重力式货架又叫辊道式货架，属于仓储货架中的托盘类存储货架，如图 3-9 所示。重力式货架是横梁式货架的衍生品之一，货架结构与横梁式货架相似，只是在横梁上安上滚筒式轨道，轨道呈 3°～5°倾斜。托盘货物用叉车搬运至货架进货口，利用自重，托盘从进口自动滑行至另一端的取货口。重力式货架属于先进先出的存储方式。重力式货架采用滚筒式轨道或底轮式托盘，有以下几方面的特点：

图 3-8 贯通式货架

图 3-9 重力式货架

（1）货物由高的一端存入，滑至低端，从低端取出。滑道上设置有阻尼器，用于控制货物滑行速度保持在安全范围内。滑道出货一端设置有分离器，搬运机械可顺利取出第一板位置的货物。

（2）货物遵循先进先出顺序。货架具有存储密度高，且具有柔性配合功能。

（3）适用于以托盘为载体的存储作业，货物堆栈整齐，为大件重物的存储提供了较好的解决方案，仓储空间利用率在75％以上，而且只需要一个进出货通道。

（4）非常环保，全部采用无动力形式，无能耗，噪声低，安全可靠，可满负荷运作。

（5）在货架的组与组之间没有作业通道，空间利用率增加了60％，提高了仓储的容积率；托盘操作自动储存回转；储存和拣选两个动作分开，大大提高输出量；由于是自重力使货物滑动，而且没有操作通道，减少了运输路线和叉车的数量。

5. 压入式货架

压入式货架由托盘式货架演变而成，如图3-10所示，采用轨道和托盘

图 3-10　压入式货架

小车相结合的原理，轨道呈一定的坡度（3°左右），轨道上放置带轮子的可运动货物箱和不带轮子的固定货物箱，利用货物的自重实现托盘货物的先进后出，同一边进同一边出。适用于大批量少品种的货物存储，如绝缘子。空间利用率很高，存取也较灵活方便。要求货架总深度不宜过深，一般在5个托盘深度以内，否则由于托盘小车相互嵌入的缘故而会使空间牺牲较大。单托货物重量一般在1500kg以内，货架高度一般在6m以内。此类系统对货架的制造精度要求较高，托盘小车与导轨间的配合尤为重要，如制造、安装精度不高，极易导致货架系统的运行不畅。

此类货架造价较高，在国内已有一定的应用。

由于应急储备物资的配送出库数量一般都比较大且较集中，有任务重、时间紧、出库快速等诸多特点。而传统的绝缘子叠放储存保管方式是层层叠放，一旦电网遭自然灾害或紧急抢修领料出库时，难以保证物料快速出库。该货架在库房中结合绝缘子外包装标准化模式，通过在货架上安装压入式轨道滑轮实现半自动化，将储存货物的货架密集放置，可节约 66.7% 仓储面积以及 2/3 的过道面积，增加了货物的储存量，节省叉车作业时间。

6. 阁楼式货架

阁楼式货架系统是在已有的工作场地或货架上建一个中间阁楼，如图 3-11 所示，以增加存储空间，可做二、三层阁楼，宜存取一些轻泡及中小件货物，适于多品种大批量或多品种小批量货物。人工存取货物，货物通常由叉车、液压升降台或货梯送至二楼、三楼，再由轻型小车或液压托盘车送至某一位置。此类系统通常利用中型搁板式货架或重型搁板式货架作为主体和楼面板的支撑（根据单元货架的总载重量来决定选用何种货架），楼面板通常选用冷轧型钢楼板、花纹钢楼板或钢格栅楼板。近几年多使用冷轧型钢楼板，它具有承载能力强、整体性好、承载均匀性好、精度高、表面平整、易锁定等优势，有多种类型可选，并且易匹配照明系统，存取、管理均较为方便。单元货架每层载重量通常小于 500kg，楼层间距通常为 2.2~2.7m，顶层货架高度约为 2m，充分考虑人机操作的便利性。此类货架在电力表计、工器具、金具等物资有较多应用。

图 3-11　阁楼式货架

7. 钢结构平台

钢结构平台通常是在现有的车间（仓库）场地上再建一个二层或三层的全组装式钢结构平台，将使用空间由一层变成二层、三层，使空间得到充分利用，如图 3-12 所示。货物由叉车或升降台的货梯送上二楼、三楼，再由小车或液压拖板车运至指定位置。此种平台与钢筋混凝土平台相比，施工快，造价适中，易装易拆，且可易地使用，结构新颖漂亮。此种平台立柱间距通常为 4～6m，一楼高 3m 左右，二、三楼高 2.5m 左右；货架立柱通常采用方管或圆管制成，主、副梁通常用 H 型钢制成；楼面板通常采用冷轧型钢楼板、花纹钢楼板、钢格栅等；楼面载重通常小于 $1000kg/m^2$。此类平台可使仓储和管理得到最近距离的结合，楼上或楼下可作库房办公室。

图 3-12 钢结构平台

8. 悬臂式货架

悬臂式货架如图 3-13 所示，主要用于存放长形物料，如型材、管材、板材、线缆等，立柱多采用 H 型钢或冷轧型钢，悬臂采用方管、冷轧型钢或 H 型钢，悬臂与立柱间采用插接式或螺栓连接式，底座与立柱间采用螺栓连接式，底座采用冷轧型钢或 H 型钢。货物存取由叉车、行车或人工进行。货架高度通常在 2.5m 以内（如由叉车存取货则可高达 6m），悬臂长度小于 1.5m，每臂载重通常在 1000kg 以内。此类货架多用于电力长构件物资存放。

9. 流动式货架

流动式货架如图 3-14 所示，通常由中型横梁式货架演变而成，货架每层前后横梁之间设置滚轮式铝合金或钣金流力条，呈一定坡度（3°左右）放置。货物通常为纸包装或将货物放于塑料周转箱内，利用其自重实现货物的流动和先进先出。货物由小车进行运送，人工存取，存取方便。单元货架每层载重量通常在 1000kg 以内，货架高度在 2.5m 以内。适于装配线两侧的工序转换、配送中心的拣选作业等场所，可配以电子标签实现货物的信息化管理。

图 3-13　悬臂式货架　　　　　　　　　图 3-14　流动式货架

10. 抽屉式货架

抽屉式货架如图 3-15 所示，由重型托盘式货架演变而成，通常用于存放模具等重物而现场又无合适的叉车可用的场合。组合装配、螺栓连接式货架结构，货架高度一般小于 2.5m，除顶层外的几层均可设计制作成抽屉式结构，安全可靠，可轻松抽出重达 2000kg/层的货物，辅之以行车或葫芦吊，轻松实现货物的存取作业。此类货架主要用于存放模具等特殊物资的场所。

11. 牛腿式货架

牛腿式货架如图 3-16 所示，主要用于自动化仓库中。此类货架系统所使用的托盘承载能力强，刚性好，如托盘承载很小可取消横梁，或货格较小而不用横梁，直接用塑料箱等置于牛腿之上，由堆垛机对货物进行自动存取作业。主要用于批量进出包装规整的电力物资存放。

图 3-15　抽屉式货架

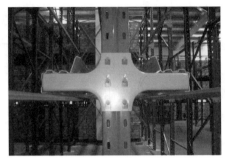

图 3-16　牛腿式货架

12. 移动式货架

移动式货架如图 3-17 所示，可分为轻中型和重型两种。轻中型移动式

图 3-17　移动式货架

货架（也称密集架）由轻、中型搁板式货架演变而成，密集式结构，仅需设一个通道（宽约 1m），密封性好，美观实用，安全可靠，是空间利用率最高的一种货架，分手动和电动两种类型。导轨可嵌入地面或安装于地面之上，货架底座沿导轨运行，货架安装于底座之上，通过链轮传动系统使每排货架轻松平稳移动，货物由人工进行存取。为使货架系统运行中不致倾倒，通常设有防倾倒装置。主要用于同类、同型号且批量多的电力物资存放。

重型移动式货架由重型托盘式货架演变而成，裸露式结构，每两排货架置于底座之上，底座设有行走轮，沿轨道运行，底盘内安装有电机及减速器、报警、传感装置等。系统仅需设 1～2 个通道，空间利用率极高。结构与轻中型移动式货架类似，区别在于重型移动式货架一定是电动式的，货物由叉车进行整托存取，通道通常为 3m，主要用于一些仓库空间不是很大、要求最大限度地利用空间的场所。

13. 旋转式货架

旋转式货架分水平旋转和垂直旋转两种，如图 3-18 所示，均是较为特殊的货架，自动化程度要求较高，密封性要求高，适于货物轻小而昂贵、安全性要求较高的场所。单个货架系统规模较小，单体自动控制，独立性强，可等同于某种动力设备来看待。此类货架造价较高，主要用于存放贵重物品如刀具等。

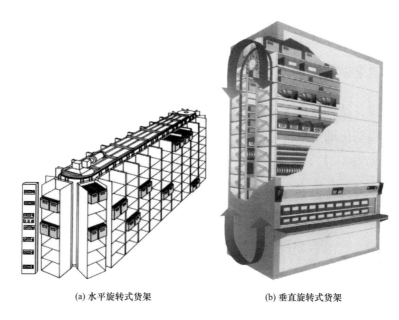

(a) 水平旋转式货架 (b) 垂直旋转式货架

图 3-18 旋转式货架

14. 自动化立体仓库货架

自动化立体仓库是充分利用空间，实现货物的最大存储量、存储的高度自动化、存储的高度自动化、存储的高速化和信息的一体化，完全由计算机操控的自动化物流存储系统。自动化立体仓库（AS/RS 系统）通常由立体货架、有轨巷道堆垛机、出入库输送机系统、穿梭车、机器人、AGV 小车、尺寸检测条码阅读系统、通信系统、自动控制系统、计算机监控系统（WCS）、计算机管理系统（WMS）及其他如电线电缆桥架配电柜、托盘、调

图 3-19　自动化立体仓库货架

节平台、钢结构平台等辅助设备组成。运用一流的集成化物流理念，采用先进的控制、总线、通信（无线、红外等）和信息技术（RFID等），通过以上设备的协调联动，由计算机控制而进行自动出入库作业，可自动实现收货、组盘、入库、出库、拣选、盘点养护、发货、库存统计和报警、报表生成等功能。由于采用自动存储，对货架要求较高，如图 3-19 所示，其广泛应用于省、地电力公司仓储。

二、包装设备

包装设备是完成全部或部分包装过程的机器设备，是使产品包装实现机械化、自动化的根本保证。包装设备主要包括填充设备（见图 3-20）、封口设备（见图 3-21）、裹包设备、贴标设备、清洗设备等。

图 3-20　电缆填充绳设备

图 3-21　半自动封口机

三、集装单元器具

集装单元器具主要有集装箱、托盘、周转箱和其他器具，如表 3-2 所示。货物经过集装器具的集装或组合包装后，具有较高的灵活性，随时都处于准备运行的状态，利于实现储存、装卸搬运、运输和包装的一体化，达到物流作业的机械化和标准化。

表 3-2 常见的集装单元器具

名称	示例	名称	示例
托盘		集装箱	
仓储笼		托盘框	
周转箱			

四、装卸搬运设备

装卸搬运设备是指用来搬移、升降、装卸和短距离输送物料的设备，是物流机械设备的重要组成部分。从用途和结构特征来看，装卸搬运设备主要包括起重设备、连续运输设备、装卸搬运车辆、专用装卸搬运设备等，如表 3-3 所示。

五、流通加工设备

流通加工设备是用于物品包装、分割、计量、分拣、组装、价格贴附、标签贴附、商品检验等作业的专用机械设备。流通加工设备种类繁多，可按照不同的方法分类。例如，按照流通加工形式，可分为剪切加工设备、开木下料设备、配煤加工设备、冷冻加工设备、分选加工设备、精制加工设备、分装加工设备、组装加工设备；根据加工对象的不同，流通加工设备可分为金属加工设备、水泥加工设备、玻璃生产延续的流通加工设备及通用加工设备等。电力仓储流通加工设备主要有用于电缆接头预装的配网工厂化装配送工装设备（见图 3-22）、用于电缆分段的 ϕ2000mm 收排线机（见图 3-23）、用于物资封箱和包装的封箱和打包机（见图 3-24）。

六、运输设备

运输设备是指用于较长距离运输货物的装备。运输是物流的主要功能之一。通过运输活动，使商品发生场所、空间移动的物流活动，解决物资在生产地点和需要地点之间的空间距离问题，创造商品的空间效用，满足社会需要。根据运输方式不同，运输设备主要分为铁路运输设备、公路运输设备、水上运输设备、航空运输设备和管道运输设备五种类型。在仓储活动中，水平运输设备主要包括各种车辆、传送带、皮带机等。电网仓储中常用的运输设备有 AGV、内燃叉车、传送带三种。

表 3-3　　常见的装卸搬运设备

名称	作用	规格	示意图
电动叉车	新配置电动前移式叉车,用来配套横梁货架区使用,适用于库内使用,爬坡能力相对较差	额定载重选用 3t	
内燃叉车	适应多种物资的存储,于装卸较重物资和室外使用,根据存储物资特点进行选型配置	额定载重选用 3～5t	

续表

名称	作用	规格	示意图
配套人载入取货车	层板货架总高不低于3000mm，配套一台电动升高载人取货车，可以有效提高高空间取件的效率，降低库房取货作业难度，方便库房的整体管理	—	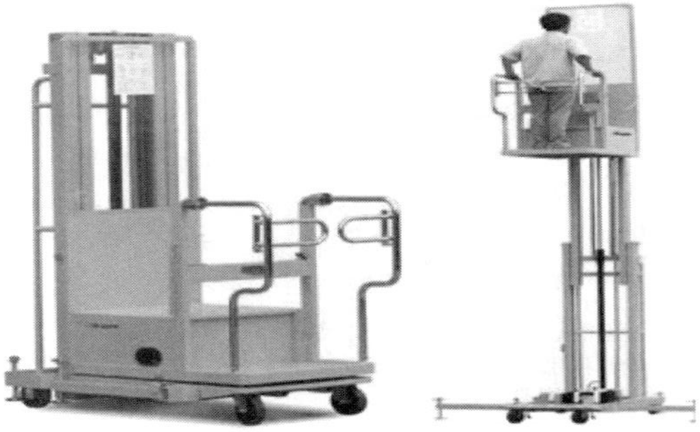
电动托盘堆垛车	具备灵活方便、操作简便的特点	额定载重2t	

续表

名称	作用	规格	示意图
手动托盘搬运叉车	可以有效提高室内小型物资设备运输和存取速度	额定载重 3t	
仓库内外起重机	固定的桥式（门式）起重机，不要求配置轮式起重机（汽车吊车）	对具备安装条件的仓库，原则上可以选用起吊重量 5t 的行车，库房外新增行车的起吊重量可以选用 10t	

图 3-22　配网工厂化装配送工装设备　　　　图 3-23　φ2000mm 收排线机

（数控线缆制作机）

图 3-24　封箱和打包机

1. 自动导引运输车（Automated guide vehicle，AGV）

AGV 根据用户需求特别设计，具有潜伏、举升、背负三重功能，负载可达 300kg，广泛应用于车间产线仓库的搬运工作 AGV，如图 3-25 所示。

图 3-25　AGV

2. 内燃叉车

内燃叉车是指使用柴油、汽油或者液化石油气为燃料，由发动机提供动力的叉车，如图 3-26 所示。其载重量在 0.5～45t。一般分为平衡重式内燃叉车、集装箱叉车（正面吊）和侧面叉车三种。

3. 传送带

按有无牵引件可分为具有牵引件的传送带设备和没有牵引件的传送带设备。其中，具有牵引件的传送带设备种类繁多，主要有带式输送机、板式输送机、小车式输送机、自动扶梯、自动人行道、刮板输送机、埋刮板输送机、斗式输送机、斗式提升机、悬挂输送机和架空索道等；没有牵引件的传送带设备常见的有辊子做旋转运动、螺旋输送机。

其中，皮带输送机如图 3-27 所示，其具有输送能力强，输送距离远，结构简单易于维护，能方便地实行程序化控制和自动化操作等优点。运用输送带的连续或间歇运动来输送 100kg 以下的物品或粉状、颗状物品，其运行高速、平稳，噪声低，并可以上下坡传送。

图 3-26　内燃叉车　　　　　　　　图 3-27　皮带输送机

七、信息采集与处理设备

信息采集与处理设备是指用于物流信息的采集、传输、处理等的物流设备。信息采集与处理设备主要包括计算机及网络、信息识别装置、传票传递装置、通信设备等。

在设计层面上，考虑到一定要包含现代需求元素，以满足连续化、大型化、高速化、电子化的需要。

电网企业常用的信息采集与处理设备如图 3-28～图 3-31 所示。

图 3-28　扫码作业

图 3-29　"智能显示存取物品的货架"中的人脸识别设备

图 3-30　RFID 计量箱标签

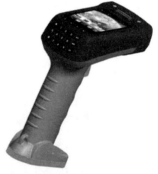

图 3-31　RFID 手持机

为了满足现代需求，仓储设备开始进行柔性化设计。

柔性化即是标准化，是将来发展的重要方向，也是产品走向成熟的重要标志。为顺应柔性化发展趋势，企业应做到：

（1）对产品本身来讲，标准化是一个主要发展方向。这就要求企业努力调整策略，为市场提供符合标准的产品。

（2）从设计上讲，要求产品具有一定范围的适应性。采用模块化设计是关键。

（3）从质量上讲，要求产品具有互换性和通用性。这就为生产装备和生产工艺提出了高的要求。

（4）从竞争力上讲，要求产品具有很好的性价比。

最后，对一个企业来说，主流产品必然是标准产品。对于"非标产品"，也应尽量减少其"非标"成分。采用单元化、模块化设计手段，将非标化为标准。

任务二 电网仓储设备选择

≫【任务描述】

本任务主要讲解电网仓储设备选择。通过对仓储主要设备的介绍，重点掌握货架系统、分拣设备、输送设备和 AGV 的选择。

≫【知识要点】

一、电网仓储设备的选择

（一）选择原则

（1）作业方式与作业量协同原则。

（2）作业对象和环境决定原则。

（3）工作能力均衡原则。

（4）最小成本原则。

（5）环境条件原则。

（6）系统可靠性和安全性原则。

（7）维修性和可操作性原则。

（8）物流和信息流的统一原则。

（9）遵循简单化原则，选择合适的规格型号。

（10）牢记系统化和协调化原则。

（11）要有长远发展的眼光。

（二）设备选择

设备选型决定了仓库的自动化水平，确定存储设备类型、运输、拣货、存储。经营策略的选择决定仓库以何种方式运作，有关操作的决定会影响其他设计决策，所以要在设计阶段考虑。选型同时需衡量投入的成本与预算限制。

1. 设备选型

设备选型应选择成熟、可靠、先进、适用、少维护且易维护、通用性好的设备，并追求系统设备全寿命周期内的成本最小化。其中，全寿命周期内的成本最小化是设备选型的关键。设备若经常发生缺陷甚至故障，必定要有额外的抢修支出，同时影响售电量，降低电网的安全性，造成运行成本的上升。即使设备的初期投资较低，也会导致运行成本的上升。所以，全寿命周期内的成本应该是设备的初期投资和运行成本的总和，而运行成本往往在设备选型时容易被忽略。设备的初期投资取决于设备供货商在应标文件中提供的报价，而设备的运行成本则与设备的技术性能密切相关。设备在额定工况下的使用寿命、不检修连续运行时间（即供货商建议的设备检修周期）、备品备件的消耗量及其成本、缺陷及故障率、设备的自动化程度对减少人工的影响等构成了设备的运行成本，在设备选型时应当与设备报价同等重视。

2. 对供货商的选择

注重设备供货商的信誉和规模，建立与供货商的长期战略合作伙伴关系，由供货商提供长期的技术支持和服务，对于使用量大、价值高的设备更应该重视这一点。设备除产品本身以外，还包括设备供货商所能提供的相应服务，这些服务包括现场安装调试时必要的技术指导、备品备件的长期供应、设备在运行和检修或故障中的技术指导等。这些都是贯穿于设备整个生命周期内的技术支持，缺乏信誉和规模的设备供货商很难提供这种长期的支持。为此，供货商与设备本身同样重要。

二、货架类型的选择

随着社会经济的发展，企业在经营中遇到了土地成本增加、用工成本增加、效率要求更高等问题，各种半自动、全自动模式也应运而生。

选择货架应综合考虑的因素如图 3-32 所示。

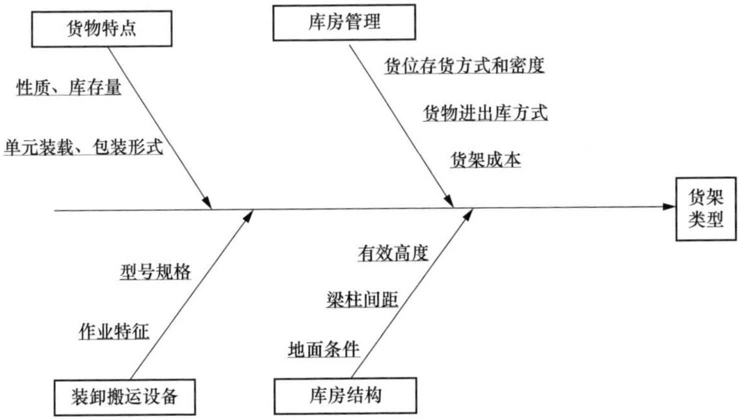

图 3-32　选择货架应综合考虑的因素

（一）选择前提

选择货架类型的前提如下：

（1）所存放产品的物流特性：考虑企业类型、产品业态、库房类型、现有模式、存储等要求。

（2）安全可靠的货架类型：具备软硬件结构安全、运营平稳、维护简便、具备可升级能力等特点。

（3）设备投入：设备资金投入一定是企业可控，以合理的钱买适合企业的设备。

（4）运营成本：运营资金包括人员工资、设备维修、场地费用折算等持续的花销。

（5）要求仓储面积、作业人员等控制在合理的范围，实现密集化存储、管理。

（二）货架方案规划选择

如果仓库要安装货架或者未来要安装货架，应注意以下问题：

（1）最好在项目规划（报建前或者租库前）时就找到专业的厂商进行前期规划，通过与设计院的沟通协调，避免后续在建筑、可用高度、消防、承载等方面影响货架的排布，进而影响到仓储利用率。

（2）有些标准规范存在一定范围的解读弹性，每个区域（市）的弹性幅度不一样，需要提前咨询清楚，如消防、容积率、库房高度等。

（3）了解清楚企业产品的物流特性及需求，不同的货架类型性能适配的物流特性不一样，单货位造价也相差较大。

（三）传统货架

常用的传统货架有以下五种。

1. 单深横梁货架

此种货架有如下特点：

（1）运行模式为叉车＋货架。

（2）满足 100% 任意拣选。

（3）仓库平面利用率 25%～30%；库房可用高度 10m 左右，约 5 层；最大利用系数为 30%×5 层＝1.5。

（4）一个货位为一个 SKU。

（5）常规叉车即可，出入库效率较高。

（6）货架安全性高，单个货位造价便宜。

2. 双深横梁货架

此种货架有如下特点：

（1）运行模式为叉车＋货架。

（2）满足 50% 任意拣选。

（3）仓库平面利用率 40%～45%；库房可用高度 10m 左右，约 5 层；最大利用系数为 45%×5 层＝2.25。

（4）两个货位为一个 SKU。

（5）需采用双深位叉车，出入库效率一般。

（6）货架安全性较高，单个货位造价便宜。

3. 窄巷式货架

此种货架有如下特点：

（1）运行模式为叉车＋货架。

（2）满足 100% 任意拣选。

（3）仓库平面利用率 38%～43%；库房可用高度 14m 左右，约 7 层；

最大利用系数为 43％×7 层＝3.01。

（4）一个货位为一个 SKU。

（5）需采用窄巷道叉车＋转运叉车，出入库效率较慢。

（6）货架安全性较高，单个货位造价较便宜。

4．驶入式货架

此种货架有如下特点：

（1）运行模式为叉车＋货架。

（2）只能做到先进后出。

（3）仓库平面利用率 48％～53％；库房可用高度 9m 左右，约 4 层；最大利用系数为 53％×4 层＝2.12。

（4）一个巷道为一个 SKU。

（5）采用常规叉车即可，出入库效率较慢。

（6）货架安全性较低，单个货位造价一般。

5．后推式货架（传统半自动货架）

此种货架有如下特点：

（1）运行模式为叉车＋货架。

（2）满足先进后出或先进先出。

（3）仓库平面利用率 50％～55％；库房可用高度 10m 左右，约 4 层；最大利用系数为 55％×4 层＝2.2。

（4）一个巷道为一个 SKU。

（5）采用常规叉车即可，出入库效率较高。

（6）货架安全性较高，单个货位造价较高。

（四）半自动货架

常见的半自动货架为穿梭式货架，其特点如下：

（1）运行模式为叉车＋货架＋穿梭车。

（2）满足先进后出或先进先出。

（3）仓库平面利用率 60％～65％；库房可用高度 10m 左右，约 5 层；最大利用系数为 65％×5 层＝3.25。

（4）一个巷道为一个 SKU。

（5）采用常规叉车即可，出入库效率很高。

（6）货架安全性较高，单个货位造价一般。

（五）全自动货架

全自动货架分为以下 5 种。

1. 单深横梁式立体库

此种货架有如下特点：

（1）运行模式为系统集成。

（2）满足 100％任意拣选。

（3）仓库平面利用率 35％～40％；货架高度 22m 左右，约 10 层；最大利用系数为 40％×10 层＝4.0。

（4）一个货位为一个 SKU。

（5）采用堆垛机作业，两列货架配置 1 台堆垛机，出入库效率很高。

（6）货架安全性较高，单个货位造价一般。

2. 双深横梁式立体库

此种货架有如下特点：

（1）运行模式为系统集成。

（2）满足 50％任意拣选。

（3）仓库平面利用率 45％～50％；货架高度 22m 左右，约 9 层；最大利用系数为 50％×9 层＝4.5。

（4）两个货位为一个 SKU。

（5）采用堆垛机作业，四列货架配置 1 台堆垛机，出入库效率较高。

（6）货架安全性较高，单个货位造价一般。

3. 堆垛机＋穿梭式立体库

此种货架有如下特点：

（1）运行模式为系统集成。

（2）满足先进后出或先进先出。

（3）仓库平面利用率 53％～58％；货架高度 22m 左右，约 9 层；最大利用系数为58％×9层＝5.22。

（4）一个巷道为一个SKU。

（5）采用堆垛机作业，15列货架配置1台堆垛机，出入库效率一般。

（6）货架安全性较高，单个货位造价一般。

4.子母车立体库

此种货架有如下特点：

（1）运行模式为系统集成。

（2）满足先进后出或先进先出。

（3）仓库平面利用率53％～58％；货架高度22m以下，约9层；最大利用系数为58％×9层＝5.22。

（4）一个巷道为一个SKU。

（5）采用子母车作业，2列货架配置1套子母车，出入库效率很高。

（6）货架安全性较高，单个货位造价高。

5.四向穿梭车立体库

此种货架有如下特点：

（1）运行模式为系统集成。

（2）满足先进后出或先进先出。

（3）仓库平面利用率55％～60％；货架高度14m以下，约6层；最大利用系数为60％×6层＝3.6。

（4）一个巷道为一个SKU。

（5）采用四向穿梭车作业，可根据出入库效率灵活配置穿梭车。

（6）货架安全性较高，单个货位造价很高，暂无超过14m的案例。

（六）货架系统的选择流程

明确了各种货架及其特点之后，就要根据具体的需求来选择货架，货架系统的选择流程为：需方提出仓库货架系统要求→供应商做方案设计选型→方案探讨和优化→方案合理性、优化程度评定→报价→供应商选定→合同签订→货架系统详细技术设计→货架系统制造（备料、加工、表面处理、包装等）→货架系统安装→验收。

需方对仓库货架系统的要求通常应包括：仓库平面图、单元（包装）货物的规格、特性、重量，单元托盘货物的规格、堆高及载重量，存取方式（人工存取、机械存取、自动化存取）和存取设备，储存量要求，进出库频率要求，管理系统要求，控制方式等。

三、托盘的选择

1. 概述

托盘也称栈板、货盘，它是一种把货物集合成一定的数量单位，便于装卸操作的搬运器具。把各种各样的货物放在托盘上，然后使用万能叉车送到货车、汽车、船舶飞机上的一系列装卸活动，称为托盘化。

2. 托盘的主要优点

（1）可以有效保护商品，减少物品的破损。

（2）可以适应港口、货物机械化工作的要求，加快装卸、运输速度，减轻工人的劳动强度。

（3）可以节省包装材料，降低包装成本，节约运输费用。

（4）可以促进国际和国内港口作业的机械化，加快包装规格化、标准化和系列化。

3. 托盘的选择依据

（1）根据材料选择

1）因为不同材料的托盘有其性能正常发挥的温度范围，因此不同的使用温度直接影响托盘制造材料的选择，例如塑料托盘的使用温度就在－25～＋40℃之间。塑料软化或熔融范围见表3-4。

表3-4　　　　　　　　　塑料软化或熔融范围

塑料品种	软化或熔融范围（℃）	塑料品种	软化或熔融范围（℃）
聚醋酸乙烯	35～85	聚乙烯（密度 0.96/cm³）	约 130
聚苯乙烯	70～115	聚-1-丁烯	125～135
聚氯乙烯	75～90	聚偏二氯乙烯	115～140（软化）
聚乙烯（密度 0.92/cm³）	110	有机玻璃	126～160
聚乙烯（密度 0.94/cm³）	约 120	醋酸纤维素	125～175

塑料品种	软化或熔融范围（℃）	塑料品种	软化或熔融范围（℃）
聚氧化甲烯	165～185	尼龙 610	210～220
聚丙烯	160～170	尼龙 6	215～225
尼龙 12	170～180	聚碳酸酯	220～230
尼龙 11	180～190	聚-4-甲基戊烯-1	240
聚三氟氯乙烯	200～220	尼龙 66	250～260

2）环境湿度影响。某些材料的托盘由于有较强的吸湿性，如木托盘就不能用于潮湿的环境，否则将直接影响使用寿命。

3）使用环境的清洁度。要考虑使用环境对托盘的污染程度，污染程度高的环境一定要选择耐污染、易于清洁的托盘，如塑料托盘、复合塑木托盘等。

4）所承载的货物对托盘材质的特殊要求。有时候托盘承载的货物具有腐蚀性或者所承载的货物要求托盘有较高的清洁程度，就要选择耐腐蚀性强的塑料托盘，或者塑木复合托盘。

（2）根据用途选择。

1）托盘承载的货物是否用于出口。许多国家对于进口货物使用的包装材料要求进行熏蒸杀虫处理，所以用于出口的托盘应尽量选择一次性的塑料托盘或者简易的免熏蒸复合材料的托盘。

2）托盘是否上货架。用于货架堆放的托盘应选择刚性强、不易变形、动载较大的托盘，如钢制的托盘和较硬的木质托盘。

（3）托盘尺寸的选择。国家标准规定的托盘规格共有四种，分别是1200mm×1000mm、1200mm×800mm、1140mm×1140mm 和 1219mm×1016mm。为了使托盘在使用中有通用性，应该尽可能地选用这几种规格的托盘，这样便于日后托盘的交换与使用。当然各行业由于长期以来形成了自己固有的包装尺寸，会对托盘的规格尺寸有一些具体的不同要求，但从长远的角度来说，还是应该选择国标尺寸。

1）要考虑运输工具和运输装备的规格尺寸。合适的托盘尺寸应该是刚好满足运输工具的尺寸，这样可以提高运输工具空间的充分合理的利用，节省运输费用，尤其要考虑集装箱和运输卡车的箱体尺寸。

2）考虑仓库的大小，每个货格的大小。考虑托盘装载货物的包装规格，根据托盘装载货物的包装规格选择合适尺寸的托盘，可以最大限度地利用托盘的表面积。

3）考虑托盘的使用区间，装载货物的托盘流向，直接影响托盘尺寸的选择。通常运往欧洲的货物要选择 1200mm×1000mm 的托盘，运往日本的货物要选择 1100mm×1100mm 的托盘。

（4）托盘结构的选择。

1）托盘的结构直接影响托盘的使用效率，适合的结构能够充分发挥叉车高效率作业的特点。托盘作为地铺板使用，即托盘装载货物以后不再移动，只是起到防潮防水的作用，可选择结构简单、成本较低的托盘，如简易的塑料托盘，但是应该注意托盘的静载量。

2）用于运输、搬运、装卸的托盘，要选择强度高、动载大的托盘。这类托盘由于要反复使用，并且要配合叉车使用，因此对托盘的强度要求较高，这就要求托盘的结构是田字形或者是川字形的。

3）根据托盘装载货物以后是否要堆垛，决定选择单面的还是双面的托盘。单面托盘只有一个承载面，不适合用于堆垛，否则容易造成下层货物的损坏，因此转载货物后需要堆码的要尽量选择双面托盘。

4）如果托盘是用在立体库内的货架上，还要考虑托盘的结构是否适合码放在货架上。由于通常只能在两个方向从货架上插取货物，因此用于货架上的托盘应该尽可能地选用四面进叉的托盘，这样便于叉车叉取货物，提高工作效率。这样的托盘一般选择田字形的结构。

四、叉车的选择

1. 概述

叉车又称铲车，是物流领域的装卸搬运设备中应用最广泛的一种设备。它以货叉作为主要的取货装置，叉车的前部装置装有标准货叉，可以自由地插入托盘取货和放货，依靠液压起升机构升降货物，由轮胎式行驶系统实现货物的水平搬运。叉车除了使用货叉以外，通过配备其他取物装置后，还能用于散货和多种规格品种货物的装卸作业。按照叉车的使用环境，通常可将其分为室内用与室外用两类。室外用的叉车通常为大吨位柴油、汽油或液化气叉车，如用于码头或者集装箱转运站的集装箱叉车、吊车。室内叉车则基本为电瓶车。

2. 叉车的特点

（1）叉车将装卸和搬运两种作业合二为一，加快作业效率。

（2）在仓库、车站、码头和港口等货物搬运装卸的场所都要应用叉车进行作业，有很强的通用性。

（3）叉车可以应用于许多机具难以使用的领域作业。

（4）与大型起重机械相比，它成本低、投资少、见效快，经济效益好。

（5）与汽车相比较，它的轮距小，外形尺寸小，重量轻，能在作业区域内任意调动适应货物数量及货流方向的改变，可机动地与其他起重运输配合工作。

3. 影响叉车选用的因素

影响叉车选用的因素有：①托盘；②地坪；③电梯、集装箱高度等；④日作业量。

4. 选择方法

（1）根据动力源分类及选择方法。大致可分为内燃式叉车和电动叉车，内燃式叉车可再进一步分为汽油式、柴油式以及液化石油气式。

汽油机叉车虽体积轻，但可输出大马力而且价格也比较便宜。柴油机叉车优点是低速时扭矩不降低和燃油费便宜，不足之处是车的价格较贵、噪声大。液化石油气叉车与汽油机叉车相比，可节省燃油费，而且补充燃油间隔期长，排出废弃少，可说是既干净又经济，不过价格较高，又伴有换汽罐或补充燃油的不方便。

电动叉车操作简单，排气噪声低，排气少，无污染，但价格较高，充电也比较麻烦。目前可考虑采取以下措施来延长操作使用时间：①加大蓄电池容量；②最合适的微机控制来降低电力消耗；③装卸装置止动控制及电动转向来节省能源；④由再生制动来回收能源等。

如果是在室外作业，不担心噪声或气味的情况下，选用内燃机叉车是比较经济的。而电动叉车在基本性能方面有极大的优越性，最适合需要低排气、低噪声无污染的作业。

（2）根据机械性能分类和选择方法。

1）平衡重式叉车。平衡重式叉车是指在车体前方装有升降货物用门架，车体后方设有配重的叉车，又分内燃式和电瓶式两种。

电瓶式又分四轮和三轮，内燃机式与电瓶式相比较，全长轮轴距都大，行走稳定性高，但转弯半径大，对通道宽度有限的场所使用是不合适的。三轮叉车是一款在狭窄的场所也能自由自在地转弯，整体车身体积比电瓶四轮平衡重叉车要小。

2）前移式叉车。与平衡重式叉车形状不同，前移式叉车是在车体前方设有支腿，而且货叉可前后移动的构造，因此体积小、重量轻，转弯半径也小，对高起升的室内作业极为有利。

前移式叉车分为门架前后移动和仅货叉前后移动两种形式。此外又有立式和卧式，国内使用的大部分是立式门架前移式叉车。但这种叉车为了减轻司机的疲劳而加大了转弯半径，这样就牺牲了通道宽度。

3）顺序拣选叉车。指司机在与升降装置共同移动的操作台上操作叉车。因司机是与货物共同升降，所以制造时需特别考虑其安全性。司机可在规定货架之间范围内运行操作，就所需货物取出装入，既提高了工作效率，又达到了省力化。

4）前支腿叉车。指靠在车体前方伸出的外伸支腿来保证车体稳定，而且货叉在左右外伸腿之间下降形式的叉车。

前支腿叉车有步行式操作和乘车操作的形式。步行式操作是以步行拖车为基础开发的车型，操作极为简便，转弯半径也小，可进行近距离狭窄场所的装卸搬运作业。并且因重量轻，可移动到电梯上作业，特别适合楼梯上地面强度受限制的场所使用。

5）托盘堆垛车。相当于车体前方伸出的外支腿的货叉用于保持车的稳定，并且升降货叉是落在外支腿的货叉上的叉车。

步行操作的水平搬运机能靠下方货叉，升降装卸搬运机能靠上方货叉，两者可同时进行。

6）侧面叉车。指货叉及升降货叉的门架装在车体侧面的叉车。

侧面叉车可安全可靠地装卸搬运钢材、木材、铝框等各种长尺寸货物，而且因为出入库不用转弯，也能调整空间。

7）步行操作叉车。指司机边走边操作的非乘坐型叉车。这种叉车体积小、重量轻，操作简单，而且在狭窄场所或地面强度受限制的台阶上也可使用。

8）横向（侧面）堆垛叉车。是在叉车行驶方向的两侧或单侧可堆垛货物的叉车。这种叉车由于不转弯就可向货架装卸货物，所以对通道宽度没要求，不过向叉车等堆垛装卸货物时有一定难度。

9）三向堆垛车。是在叉车行驶方向及其两侧可进行装卸作业的叉车。为了缩小通道宽度，货叉可旋转 $180°$，左右侧移来堆垛装卸货物。

由于三向堆垛车可装卸高堆积货物作业空间较大，也比较高，特别是中高层货叉仓库，可大大提高作业效率。

10）多向叉车。指不只能前后、左右移动，斜向也能行驶的叉车。

当一般托盘作业时，有前移叉车的机能；搬运钢材、木材、铝框等长货物时，有侧面叉车的机能，是兼备多重机能的叉车。

5. 叉车属具

叉车属具是一种安装在叉车上以满足各种物料搬运和装卸作业特殊要求的辅助机构，它使叉车成为具有叉、夹、升、旋转、侧移、推拉或倾翻等多用途、高效能的物料搬运工具。

常用的叉车属具有货叉、吊架、侧夹器、推货器和集装箱吊具等。

五、分拣设备的选择

（一）概述

自动分拣是指货物从进入分拣系统到指定的分配位置为止，是按照人们的指令靠自动装置来完成的。这种装置是由接收分拣指示信息的控制装置、计算机网络、搬运装置（负责把到达分拣位置的货物搬运到指定位置的装置）、分支装置（负责在分拣位置把货物进行分送的装置）、缓冲站（在分拣位置临时存放货物的储存装置）等构成。所以，除了用终端的键盘、鼠标或其他方式向控制装置输入分拣指示信息的作业外，由于全部采用自动控制作业，因此分拣处理能力较大，分拣分类数量也较大。

（二）自动分拣设备的主要组成

自动分拣设备类型众多，但其主要组成部分基本相同。大体上由收货输送机、喂料输送机、分拣指令设定装置、合流装置、分拣输送机、分拣卸货道口、计算机控制器七部分组成。

（三）自动分拣设备的特点

自动分拣设备不受气候、时间、人的体力等限制，其特点如图 3-33 所示。

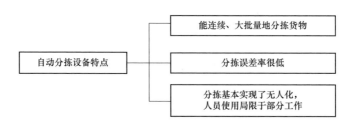

图 3-33　自动分拣设备的特点

1. 能连续、大批量地分拣货物

由于采用大批量生产中使用的流水线自动作业方式，自动分拣不受气候、时间、人的体力的限制，可以连续运行 100h 以上。同时由于自动分拣设备单位时间分拣货物件数多，因此，分拣能力是人工分拣系统的数倍。

2. 分拣误差率很低

分拣误差率的大小主要取决于所输入分拣信息的准确性，准确程度又取决于分拣信息的输入机制。如果采用人工键盘或语音识别方式输入，则误差率在 3% 以上；如采用条形码扫描输入，除非条形码的印刷本身有差错，否则不会出错。目前，分拣设备系统主要采用条形码技术来识别货物。

3. 分拣基本实现无人化

分拣作业本身并不需要人工参与，人员的使用仅局限于以下工作：

（1）送货车辆抵达自动分拣线的进货端时由人工接货。

（2）由人工控制分拣系统的运行。

（3）分拣线末端由人工将分拣出来的货物进行集载、装车。

（4）自动分拣系统的经营、管理与维护。

总之，自动分拣系统的分拣能力是人工分拣系统的数倍，分拣误差率很低，能最大限度地减少人员的使用，减轻员工的劳动强度，能基本实现无人化作业。

（四）分拣设备的主要技术指标及功能

1. 分拣效率

指整个系统装备能达到的最大分拣效率，实际使用效率一般为最大效率的 70%，表示为件/h。

2. 运行速度

指主分拣线的运行线速度，表示为 m/s。

3. 处理物件规格

表示系统装备能处理物件形状规格的限定范围，一般表示为：长—min～max（mm）；宽—min～max（mm）；高—min～max（mm）；重量≤max（kg）。

（五）自动分拣设备的选用原则

在选用分拣设备时，要根据仓库、配送中心的分拣方式、使用目的、作业条件、货物类别、周围环境等条件慎重认真地选用，选用原则如图 3-34 所示。

1. 设备的先进合理性

在当前高新技术不断发展的条件下，设备先进性是选用时必须考虑的因素之一，只有先进的分拣设备，才能很好地完成现代配送作业。否则，

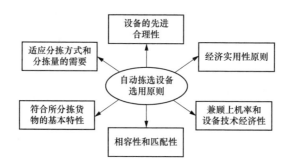

图 3-34   自动分拣设备的选用原则

使用不久就需要更新换代，就很难建立起行之有效的配送作业体制。因此，在选用分拣设备时，要尽量选用能代表该类设备发展方向的机型。同时，设备的先进性是相对的，选用先进设备不能脱离国内外实际水平和自身的现实条件，应根据实际条件，具体问题具体分析，选用有效、能满足用户要求的设备。

2. 经济实用性原则

选用的分拣设备应具有操作和维修方便、安全可靠、能耗小、噪声低、能保证人身健康及货物安全，并具有投资少、运转费用低等优点。只有这样才能节省各种费用，做到少花钱、多办事，提高经济效益。

3. 兼顾上机率和设备技术经济性

上机率是上机分拣的货物数量与该种货物总量之比。追求高的上机率，必将要求上机分拣的货物的尺寸、质量、形体等参数尽量放宽，这将导致设备的复杂化、技术难度及制造成本增加、可靠性降低。反之，上机率过低，必将影响设备的使用效果，增加手工操作的工作量，既降低了设备的性价比，也使分拣作业的效益降低。因此，必须根据实际情况，兼顾上机率和设备技术经济性两方面因素，确定较为合理的上机率和允许上机货物参数。

4. 相容性和匹配性

选用的分拣设备应与系统其他设备相匹配，并构成一个合理的物流程序，使系统获得最佳经济效果。有个别配送中心购置了非常先进的自动分拣设备，但自动分拣货物与大量的人工装卸搬运货物极不相称，因而无法提高分拣设备利用率，整体综合效益也不高。因此，在选用时，必须考虑相容性和协调性，使分拣与其他物流环节做到均衡作业，这是提高整个系统效率和保持货物分货、配送作业畅通的重要条件。

5. 符合所分拣货物的基本特性

分拣货物的物理性质、化学性质及其外部形状、重量、包装等特性千差万别，必须根据这些基本特性来选择分拣设备，如浮出式分拣机只能分拣包装质量较高的纸箱等。这样，才能保证货物在分拣过程中不受损失。

6. 适应分拣方式和分拣量的需要

分拣作业的生产效率取决于分拣量大小及设备自身的分拣能力，也与分拣方式密切相关。因此，在选择分拣设备时，首先要根据分拣方式选用不同类型的分拣设备。其次，要考虑分拣货物批量大小，若批量较大，应配备分拣能力高的大型分拣设备，并可选用多台设备；而对于批量小，宜采用分拣能力较低的中小型分拣设备。另外，还应考虑对自动化程度的要求，可选用机械化、半自动化、自动化分拣设备，这样，既能满足要求，又能发挥设备的效率。

(六) 常见分拣设备

1. 斜导轮分拣机

该设备以结构简单、价格便宜及扩容性好而备受青睐。分拣格口可单侧或双侧设置；缺点是分拣效率相对较低，一般为 2500～3000 件/h。主要用于物件规格相对规整、分拣效率要求不很高的箱包类物件，如纸箱、周转箱等。

2. 推块式分拣设备

推块式分拣机是目前物流系统中较常用的设备之一，具有处理物件规格范围大（最长可达 1200mm）、分拣效率高等特点，一般为 5000～10000 件/h，适合被分拣物件规格尺寸变化较大、包装相对规范的物件，常用于快件、医药、图书、烟草、百货等行业。

该设备一般为直线型布置，分拣格口可单侧或双侧设置。

---

3. 交叉带分拣机

该设备也是物流系统中较常用的设备之一，具有分拣效率高、可设置格口数多、布局灵活等特点，最大分拣效率可达 15000 件/h，分拣格口可设置多达 400 个。适合不同类型物件、特别是软包装（如袋状物）物件的分拣，常用于邮政、机场、配送中心等行业。交叉带分拣系统一般为环形布局、双向格口布置。

六、输送设备的选择

（一）输送设备概念

输送设备是一种摩擦驱动以连续方式运输物料的机械，成为物料搬运系统机械化和自动化不可缺少的组成部分，其广泛应用于电力自动化仓库中。输送机受到机械制造、电机、化工和冶金工业技术进步的影响，不断完善，逐步由完成车间内部的输送，发展到完成在企业内部、企业之间甚至城市之间的物料搬运，成为物料搬运系统机械化和自动化不可缺少的组成部分。常见的辊式输送机如图 3-35 所示。

图 3-35　辊式输送机

（二）输送设备特点

输送设备可以将物料在一定的输送线上，从最初的供料点到最终的卸料点间形成一种物料的输送流程。它既可以进行碎散物料的输送，也可以进行成件物品的输送。除进行纯粹的物料输送外，还可以与各工业企业生产流程中的工艺过程的要求相配合，形成有节奏的流水作业运输线。

（三）输送设备分类

输送设备又称流水线，可进行水平、倾斜和垂直输送，也可组成空间输送线路，输送线路一般是固定的。输送机输送能力大，运距长，还可在输送过程中同时完成若干工艺操作，所以应用十分广泛。板链流水线：采用链板拖牵工件做平面传送运动，来达到生产工艺目的。流水线采用组合式装配模式，工位数可按工艺要求设定。工位配置有电源插座、工具箱、料盒等，使整个流程达到快递、有序。插件流水线：采用链条拖动工装小车，成水平环运行，进行工件装配。差速链流水线：采用特制铝合金型材作导轨，用增速链拖牵工装板作为输送介质。流水线采用组合式装配模式，工位数可按工艺要求设定。工位配置有脚踏开关、电源插座、工位阻挡器、工艺图板、照明等，线体上设有顶升平移机、顶升旋转台等，使整个流程达到自动化工作状态。

（四）输送设备选择

1. 环境条件考量

大部分仓库是在有空调及灯光的情况下作业，如有极端温度的情况，需特别选用皮带、轴承及驱动单元。虽然仓库是在相对较干净的环境，但是输送机系统可能必须连接较干净的区域与较恶劣的环境（如废纸箱区）。有些物品基于健康、安全的因素，必须隔离，这些因素也会影响输送系统及储存区域的设计。

所有的货品搬运设备都需要不同程度的维护，对于重力式系统，通常只需定期检查，以确保滚轮的转动正常。对较复杂的系统，则应由制造商提供定期性的维护措施。一般公司对于昂贵的生产制造设备，均会编制固定的维护人员，但对于仓库中的设备则觉得无此需要而忽略。其实在初步规划阶段，对于复杂的搬运系统，维护的成本，必须列入采购的预算中，而维护的需求也须列入系统的选择及评价的考虑因素。

2. 输送设备的选用考量

因为输送物品的表面与输送机直接接触，因此物品的特性直接影响设备的选择及系统的设计。输送物品的特性包括尺寸、重量、表面特性（软或硬）、处理的速率、包装方式及重心等，均是要考虑的因素。

规划时，应将欲输送的所有物品列出，最小的及最大的，最重的及最轻的，有密封的及无密封的。在设备的设计并非仅最大的或最重的物品会影响设计。

如较轻的物品可能无法使传感器作动，较小的物品也会影响设备型式的选择，如滚筒式或皮带式。对于某些累积式输送机，物品重量分布范围有重要影响。在规划时，主系统并不需要处理所有的物品，可以第二套系统或人工的方式来处理较不常用的物品，可能会较为经济。

所有新的输送机，都必须与现有的货品处理设备，做最好的配合。简单的系统，如使用堆高机；复杂的系统，如使用机器人，无人搬运车，或存取机。这些已存在的系统会影响设备的选择及配置，特别是在交接的输送作业点上。

七、AGV 的选择

（一）简介

用 AGV 小车（见图 3-36）代替传统的人工搬运的方式，不但能大大改善工作条件和环境，提高自动化生产水平，还能有效地解放劳动生产力，减轻工人的劳动强度，缩减人员配备，优化生产结构，节约人力、物力、

(a) AGV

(b) 叉车AGV

图 3-36　AGV 小车

财力。在自动化物流系统中，AGV 与物料输送中常用的其他设备相比，具有无需铺设轨道、支座架等固定装置，不受场地、道路和空间的限制等优势，能充分地体现其自动性和柔性，实现高效、经济、灵活的无人化生产。

（二）AGV 的选择要求

1. 安全性

AGV 小车在完成自动化搬运装卸作业时，除了要保证 AGV 自身安全以及 AGV 各功能的正常运行，还要在最大可能的范围内保护人员和运行环境设施的安全。因此 AGV 自动导引小车的选购应考虑如下安全防护措施：

（1）车身的外表没有尖角和其他突起等危险部分。

（2）在 AGV 车身上必须设置有障碍物接触式缓冲器。

（3）障碍物接近检测装置最好是多级的接近检测装置。一般地，障碍物接近检测装置有两级以上的安全保护设置，如在一定距离范围内，它将使 AGV 降速行驶，在更近的距离范围内，它将使 AGV 停车，而当解除障碍物后，AGV 将自动恢复正常行驶状态。

（4）自动装卸货物的执行机构的安全保护装置。一般地，在同一辆车上，机械和电气这两类保护装置都具备，互相关联，同时产生保护作用。

（5）AGV 须装备多种警报装置。包括自动运行指示灯和警示灯。自动运行指示灯在 AGV 自动运行时点亮，在 AGV 处于非自动运行状态时熄灭。警示灯则在 AGV 由停止状态进入运行状态、处于后退运行状态和发生异常时，进行声光报警。

（6）急停装置。AGV 在突发异常状况下，必须有急停装置维护自身。

（7）状态监视装置。作用是监视 AGV 运行状态，特别是当 AGV 发生异常时，具有了解该状态及其原因的监视功能。

2. 基本参数和性能指标

在选择 AGV 小车时，要考虑以下基本参数和性能指标：

（1）AGV 导引方式。

（2）AGV 驱动类型。

（3）AGV自重（不含电池）。

（4）额定承载能力。

（5）运行速度。

（6）转弯半径。

（7）定位精度。

（8）车体尺寸。

（9）蓄电池类型和充电方式。

（10）连续工作时间。

（11）报警和急停装置。

（12）控制系统。

3. 应用场景分析

AGV小车的方案根据客户的实际应用场景来定制，应满足生产需求和将来的发展。需要对应用场景做如下分析：

（1）AGV的运行路线（上下物料点的位置及点与点之间的物料输送顺序）。

（2）输送的节拍（多长时间输送一次及产线用料的要求）。

（3）需搬运产品的重量尺寸、包装样式。

（4）上下料的形式（潜伏式、拖挂式、滚筒对接式、背负式、人工上下料等），规划搬运路线，达到路径最短、简洁流畅的目的。

八、其他仓储设备选择

其他仓储设备主要包括物流台车、零件盒、物流整理设施、周转箱、人力搬运车辆等，应根据企业实际情况合理选用。

任务三　电网仓储设备选择案例分析

≫ 【任务描述】

本任务主要讲解某电网公司物资仓库货架选型。通过对物资特性及堆码方式等进行分析，选用适合的货架，了解物资种类、特性，掌握货架选型依据与方法。

≫ 【知识要点】

库设备选型。

一、仓库物资及存储分析

1. 存储物资

选择仓储设备前，首先对存储物资种类和数量进行分析，并确定存储定额。该电网仓库主要集中存放的物资有办公类用品、工器具、劳保用品、低压电器、仪器仪表、配件、装置性材料、五金材料、金属材料等九大类物资，其中办公类用品存储定额详见表 3-5。

表 3-5　　　　　　　　某电网仓库存放物资类别参考目录

大类	中类	小类	参考定额
办公类用品	办公本册	笔记本	1000
	办公本册	效率手册	50
	办公本册	作业本	1220
	办公笔类	白板笔	200
	办公笔类	钢笔	20
	办公笔类	记号笔	655
	办公笔类	铅笔	300
	办公笔类	签字笔	200
	办公笔类	荧光笔	100
	办公笔类	中性笔	1000

2. 物资堆码方式

有了物资的存储定额后，再对物资堆码方式进行分析，见表 3-6。

表 3-6　　　　　　　　某电网仓库办公用品类物资堆码方式

大类	中类	小类	参考定额	存放容器	单器存量	料箱存放	托盘存放
办公类用品	办公本册	笔记本	1000	料箱	38	27	
	办公本册	效率手册	50	料箱	40	2	
	办公本册	作业本	1220	料箱	40	30	

续表

大类	中类	小类	参考定额	存放容器	单器存量	料箱存放	托盘存放
办公类用品	办公笔类	白板笔	200	料箱	900	1	
	办公笔类	钢笔	20	料箱	900	1	
	办公笔类	记号笔	655	料箱	1100	1	
	办公笔类	铅笔	300	料箱	3500	1	
	办公笔类	签字笔	200	料箱	2300	1	

3. 标准托盘存放和料箱分析

分析认为物资定额能装容器采用 183 个托盘及 371 个料箱（周转箱）。

二、上架策略

1. 重型和层板货架存放

有两种方式：一种是整箱整包码放在托盘上，再存放到货架上（见图 3-37）；另一种是不能堆压的小件物资存放在料箱里，料箱放在托盘上再存放到货架上（见图 3-38）。

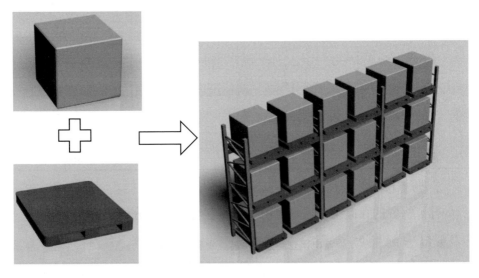

图 3-37 整箱整包码放

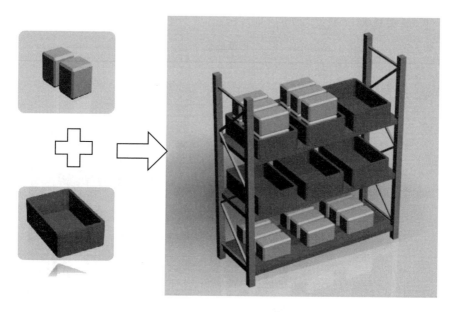

图 3-38　不能堆压的小件物资存放

小库层板式货架存放方式如图 3-39 所示。

图 3-39　小库层板式货架存放

2. 货架选型（见表3-7）

表 3-7　　　　　　　　　　　　　　　货架选型

选用货架类型	规格（mm）	示意图
重型横梁式货架	H4800×D1100×W2400	
层板货架	H2000×D600×W1800	

三、仓库布局方案

区域分布方式是根据存储物资型号和数量确定仓库的布局方案。以下根据仓库的投资额度、存放物资的种类和数量确定其中一种方案。

（1）方案一：叉车和人工存取方式如图 3-40 所示。

（2）方案二：叉车和自动存取方式如图 3-41 所示。

（3）方案三：叉车、穿梭车和堆垛机存取方式如图 3-42 所示。

（4）方案四：穿梭车和双堆垛机存取方式如图 3-43 所示。

（5）方案五：压入式货架＋中Ⅱ型货架如图 3-44 所示。

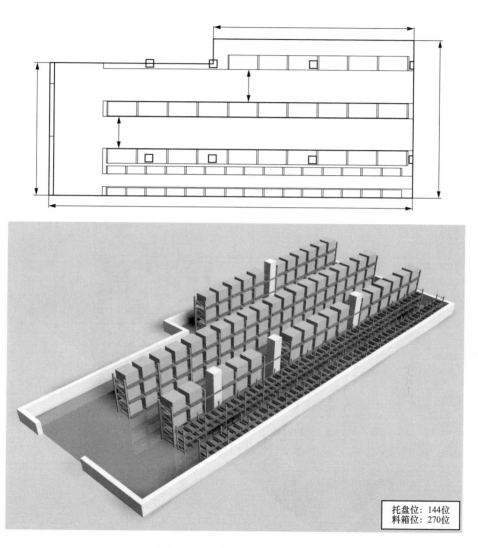

图 3-40　叉车和人工存取方式

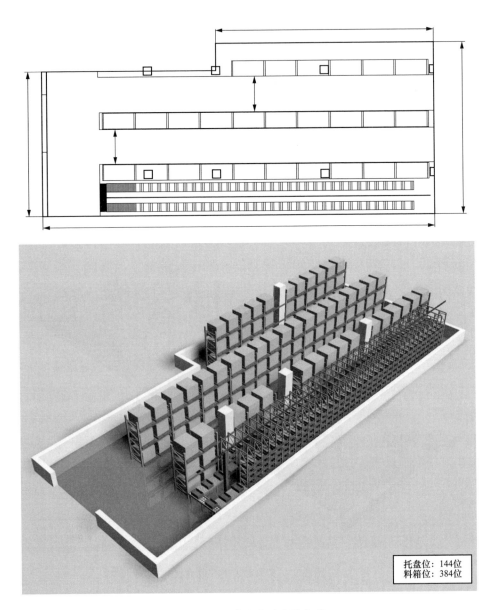

图 3-41　叉车和自动存取方式

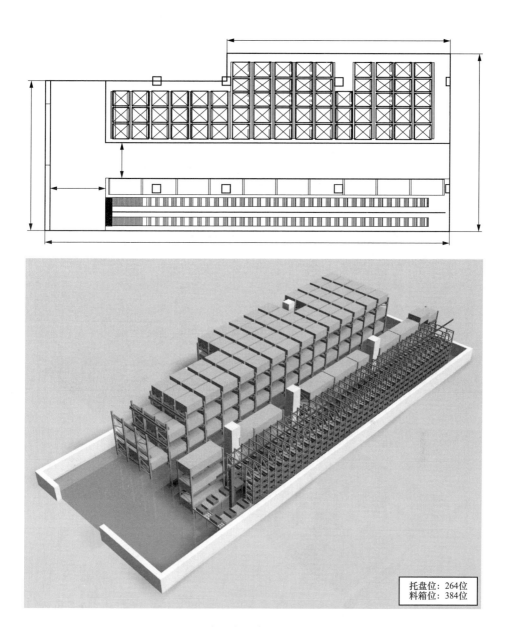

图 3-42　叉车、穿梭车和堆垛机存取方式

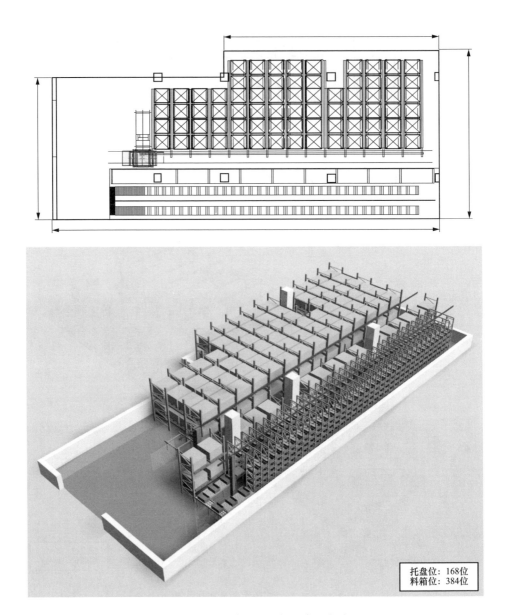

| 托盘位：168位 |
| 料箱位：384位 |

图 3-43　穿梭车和双堆垛机存取方式

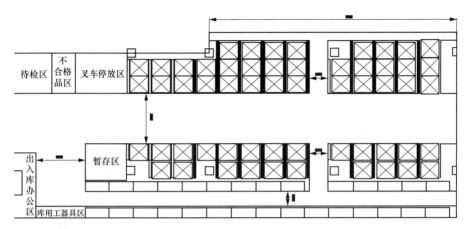

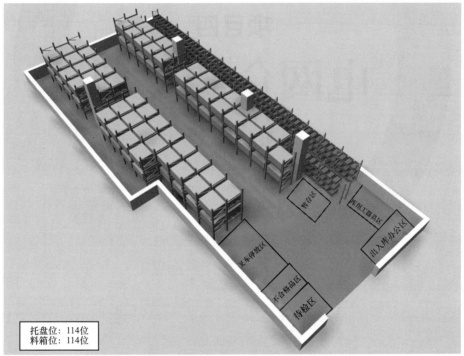

托盘位：114位
料箱位：114位

图 3-44　压入式货架＋中Ⅱ型货架

项目三测试题

项目四

电网仓储规划设计

≫【项目描述】

本项目介绍电网仓储规划设计原则、规划设计方法、规划设计的常见问题和相关案例分析。

任务一 电网仓储规划设计原则

≫【任务描述】

本任务主要讲解电网仓储规划设计原则。通过介绍定位准确、模数匹配、设计合理、标准应用四个方面的内容，掌握电网仓储规划设计原则。

一、仓储定位要准确

（一）仓库定位

对于电网公司来说，选择一个适合的仓库尤为重要。仓库类型多种多样，如何选择取决于企业的具体业务需求，如供应链、目标市场、预算等，这时就需要结合所在仓库实际情况和存储物资特点对仓库属性进行定位。其中，仓库定位依据主要有：层级、功能、仓库形态和机械化程度四点，具体如表 4-1 所示。

表 4-1　　　　　　　　仓　库　类　型

分类依据	仓库类型
层级	总部储备仓库
	省公司仓库
	地市公司仓库
	县公司仓库
	专业仓储点
功能	配送中心型仓库
	存储中心型仓库
	物流中心型仓库

续表

分类依据	仓库类型
形态	库房（单层、多层、单间、多间）
	室外料棚
	露天堆场
机械化程度	人工仓库
	机械化仓库
	自动化仓库
	智能仓库

1. 选定仓库层级

总部储备仓库主要承担公司应急物资的集中储备任务，保障特大突发事件的应急物资供应。

省公司仓库作为仓储网络的枢纽，主要用于通用物资资源的集中储存与配送，向地市公司仓库、县公司仓库进行补库。

地市公司仓库作为仓储网络的中转，主要用于所属地物资资源的储存，向县公司、专业仓储点和施工单位进行物资配送。

县公司仓库作为仓储网络的终端，主要用于存储运维物资、备品备件等。

专业仓储点设在各级直属单位及所属班组（含乡镇供电所），定额储备、生产运维和应急抢修的常用物资，满足 24 小时随时供货，由所属单位负责日常管理和领用出库。

2. 选定仓库功能

（1）配送中心型仓库。配送中心型仓库主要包括收货区、存储区、拣货区、集货区、发货区、暂存区、退货区和办公区等。配送中心型仓库一般适用于电网公司超市化物资、电能表和农配网等物资的统一配送。

（2）存储中心型仓库。存储中心型仓库主要由入出库缓存区、检验区、码垛区和储存区等部分构成。适用于为电网公司提供应急救灾、电网抢修等物资保障服务。

（3）物流中心型仓库。物流中心型仓库主要由入出库暂存区、检验区、码垛区、储存区、流通加工区和配送区等部分组成。物流中心型仓库一般适用于省公司仓库、地市公司仓库日常电网建设工程物资和生产运行维护物资的存储和配送。

3. 选定仓库形态

（1）库房。库房主要用于存放各类物资。库房内应设置装卸区、入库待检区（入库暂存区）、不合格品暂存区、出库（配送）理货区和仓储装备区，按需配置拣配区。多层库房、多间库房无需每层、每间都设置装卸区、入库待检区（入库暂存区）、不合格品暂存区、出库（配送）理货区和仓储装备区。

（2）室外料棚。室外料棚区是有棚架的存储区域，主要用于储存各类体积较大、重量较重、储备条件要求不高的物资。

（3）露天堆场。适合于采用露天堆放方式储存的物资。

4. 选定仓库机械化程度

（1）人工仓库。人工仓库适用于仓储规模和仓储量较小的公司。在仓储管理中，小批量多品种、包装大小不规则等类型的物资更适合采用人工仓库。

（2）机械化仓库。机械化仓库适用于仓储规模和仓储量中等以上的公司。在仓储管理中，物资装卸、搬运、排列、拆码垛等作业环节中，均采用机械作业方式。

（3）自动化仓库。自动化仓库是指物资能自动完成存储、分拣、配货和装卸作业的仓库。

（4）智能仓库。具备全面的物资管理等各项功能，实现对库存货物的批次、保质期、所在位置进行管理，达到智能存储要求。

（二）储存方式定位

在电网仓储活动中，对于储存方式的定位，首先需要分析确定物资属性，如形状、大小、重量和储存条件等；然后根据物资属性确定物资的存储方式。其中，常用的存储方式有落地存放、托盘存放、周转箱存放、仓储笼存放、托盘框存放和货架存放等。

（1）落地存放。一般吞吐量大的物资采取落地存放的方式进行物资存储。

（2）托盘存放。将物资码放到托盘上，然后进行地面存放或货架摆放，以方便仓储设备快速高效作业。

（3）周转箱存放。使用周转箱进行存放，通常可堆式周转箱和塑料零件盒的使用最为广泛。其中，可堆式周转箱常作为小件物资整理和存储使用，而人工零星拣选物资常使用塑料零件盒。

（4）仓储笼存放。常用于原料、半成品及成品的暂存、运输、分类整理与存放使用。在电网仓储管理中，常用于码放无法稳定码放的铁附件物资。

（5）托盘框存放。在电网仓储管理中，大多采用托盘框落地或堆码方式进行绝缘子的存放。

（6）货架存放。即物资采用直接或放置于单元化存储容器内进行上架存放。

（三）拣选方式定位

拣选作业是仓库根据客户提出的订货单或配送计划所规定的商品品名、数量和储位地址，将物资从货垛或货架上取出，搬运到理货场所，以备配货送货。常见的拣选方式如表 4-2 所示。

表 4-2　　　　　　　　　　常见的拣选方式

名称	适用范围	示例
电子标签拣选	流利式货架拣选系统属于半自动化拣选系统，解决了物资人工拣选的低效率状态，适合大量物资的短期存放和拣选。可配电子标签，实现物资的轻松管理	
无线终端拣选	为适应一些现场数据采集和扫描笨重物体的条码符号而设计的，适合于脱机使用的场合。它可以存一定量的数据，并可在适当的时候将这些数据传输给计算机，从而满足不同场合的应用需要。其在电网仓储管理、运输管理以及物资的实施跟踪等方面具有广泛应用	

名称	适用范围	示例
叉车拣选	拣选叉车按工作高度可分为低位和高位两种。低位拣选叉车方便进行物料的上下拣选，适用于仓储内各部件的转移。高位拣选叉车的其操作者是能够随装卸装置一同进行上下运动的，而且能够作用于其两侧，因而适用于高层货架库房	
自动传输分拣系统拣选	自动分拣系统一般由控制装置、分类装置、输送装置及分拣道口组成，能够把很多物资按品种、不同的地点和单位及顾客的订货要求，迅速准确地从其储位拣取出来，按一定方式进行分类、集中并分配到指定位置，等待配装送货	

二、仓储模数匹配

（一）货与容器匹配

仓储管理员在存储仓储物资时，需要根据物资的形状、大小及存储要求等选择合适的容器进行存储，如零星散件物资采用托盘或周转箱保管，小型电工、检测工器具采用相应的容器按类别盛装存放，如图 4-1 所示。

图 4-1　货与容器匹配示例

（二）货与架匹配

对于直接上架的物资，需要根据仓储储备物资类别配置合适种类和数量的货架，如线缆类物资可采用线缆盘贮存货架，如图 4-2 所示。

（三）容器与货架匹配

在货与容器匹配的基础上，将物资放到合适的单元化容器内，如果物资需要上架存放，需要根据容器特性选择合适的货架进行上架。如单元化容器为料箱，可考虑入库料箱式立库系统或码放到托盘入库托盘式立库系

图 4-2　货与架匹配示例

统；如单元化容器为托盘，可考虑直接入库托盘式立库系统；如单元化容器为塑料零件盒，可考虑入库层板货架或流利式货架等。

（四）架与库匹配

选择货架时，货架与仓库的匹配也是一个需要考虑的问题。在购买仓储货架时不仅要求质优价廉，更重要的是需要考虑货架的摆放是否与仓库匹配。

（五）库与周边环境匹配

进行仓库选址时，通常要考虑以下影响因素：

1. 自然环境因素

（1）气象条件。主要考虑年降水量、空气温湿度、风力、无霜期长短、冻土厚度等。

（2）地质条件。主要考虑土壤的承载能力，仓库是物资的集结地，物资会对地面形成较大的压力，如果地下存在着淤泥层、流沙层、松土层等不良地质环境，则不适宜建设仓库。

（3）水文条件。认真搜集选址地区近年来的水文资料，需远离容易泛滥的大河流域和上溢的地下水区域，地下水位不能过高，故河道及干河滩也不可选。

（4）地形条件。仓库应建在地势高，地形平坦的地方，尽量避开山区及陡坡地区，最好选长方地形。

2. 经营环境因素

（1）政策环境背景。选择建设仓库的地方是否有优惠的产业政策扶持，这将对公司效益产生直接影响，当地的劳动力素质高低也是需要考虑的因素之一。

（2）物资特性。所属功能不同的仓库应该布局在不同地域。

（3）物流费用。仓库应该尽量选择建在接近电网物资服务需求地，如大型工业、商业区，以便缩短运输距离，降低运费等物流费用。

（4）服务水平。物流服务水平是影响物流产业效益的重要指标之一，所以在选择仓库地址时，要考虑能否及时送达，应保证客户无论在任何时候向仓库提出需求，都能获得满意的服务。

3. 基础设施状况

（1）交通条件。仓库的位置必须交通便利，最好靠近交通枢纽，如港口、车站、交通主干道（国、省道）、铁路编组站、机场等，最好有两种运输方式衔接。

（2）公共设施状况。要求城市的道路畅通，通信发达，有充足的水、电、气、热的供应能力，有污水和垃圾处理能力。

4. 其他因素

（1）国土资源利用。仓库的建设应充分利用土地，节约用地，充分考虑到地价的影响，还要兼顾区域与城市的发展规划。

（2）环境保护要求。要保护自然与人文环境，尽可能降低对城市生活的干扰，不影响城市交通，不破坏城市生态环境。

（3）地区周边状况。一是仓库周边不能有火源，不能靠近住宅区；二是仓库所在地周边地区的经济发展情况，是否对物流产业有促进作用。

因此，电网仓储在规划设计中要做到模数匹配，绝不是简单的叠加或者组合，须按"定物→定量→定货架→定仓库形"这种从小到大的顺序进行规划设计。在仓储设计建造之前，一定要自己先行规划，或者让专业技术人员进行量身定做，这样仓库的利用率会大大增加，也会让将来出现问题的可能性下降到最低。

三、仓储设计合理

（一）规模设计

1. 仓库总体规模设计

根据仓库属性、储备物资类别和供应模式，考虑售电量、地域面积等因素，合理设定总体仓库规划建设面积（见表 4-3）。

表 4-3　　　　　　　　　　省公司仓库规模设计参考

省公司年度售电量（kWh）	总体仓库规划面积（m²）
2000 亿及以上	25 万
1000 亿（含）～ 2000 亿	20 万
600 亿（含）～1000 亿	15 万
600 亿以下	10 万

注　1. 总体仓库规划面积是省公司所属省公司仓库、地市公司仓库、县公司仓库的面积总和。
　　2. 面积允许调整的因素：在省区域国土面积超过 40 万 km² 时，总面积可上浮 10%，当国土面积超过 100 万 km² 时，总面积可上浮 20%。

2. 各级仓库单体规模设计

（1）单个省公司仓库面积原则上不得超过 30000m²；

（2）单个地市公司仓库面积原则上不得超过 5000m²；

（3）单个县公司仓库面积不得超过 1000m²；

（4）单个专业仓储点面积不得超过 200m²；

（5）可参照所辖区域售电量规划仓库面积，见表 4-4。

表 4-4　　　　　　　　　　各层级仓库参考建筑规模

仓库属性	所辖售电量（亿 kWh）	单体仓库参考占地面积（m²）
省公司仓库、地市公司仓库	600 以上	30000
	300～600	20000
	200～300	10000
	100～200	8000
	100 以下	5000

仓库属性	所辖售电量（亿 kWh）	单体仓库参考占地面积（m²）
县公司仓库	10 以上	1000
	10 以下	500
专业仓储点	—	200

注　1. 所辖售电量（亿 kWh）指按上一年度售电量统计仓库服务面积区域的售电量，省公司仓库
　　　　按所管辖各地（市、县）的售电量进行累加获得，地（市）公司仓库按市（郊）区和所管
　　　　辖各县（市）的售电量进行累加获得。
　　 2. 仓库参考占地面积（m²）是指各仓库对应售电量设置的仓库占地面积标准，各单位可根据
　　　　实际情况进行调整，原则上不得突破。

（二）仓库建筑设计形式

仓库建筑分为主要建筑和配套建筑两大类。仓库主要建筑形式有库房、室外料棚、露天堆场等；仓库配套建筑包含办公室（值班室）、保安室（监控室）、资料档案室、休息室、卫生间、工具室、车辆库等，可根据仓库基础条件和业务实际需要选择配置配套建筑。

（三）仓库区域设置

在电网仓储区域设置方面，必须符合以下基本要求：

（1）总部储备仓库、省公司仓库、地市公司仓库和县公司仓库根据业务需要设置仓储区、作业区和办公区等配套区域。

（2）仓储区包括室内货架区、室内堆放区、室外料棚区、室外露天区。

（3）作业区包括装卸区、入库待检区、出库（配送）理货区、仓储装备区，按需配置拣配区。

（4）专业仓储点包括货架区和室内堆放区，一般不设室外料棚区和室外露天区。占地面积在 1000m² 以上专业仓储点，可根据需要设置室外料棚区和室外露天区。

（5）在库房出入口附近设置工作间，用于进行收发货业务单据受理及业务处理，面积不小于 6m²，配置电脑、打印机、内网网络、PDA 等设备，配置必要的办公设备、人员、安全物品和信息系统。

（6）各作业区域功能要求如下：

1）装卸区：用于物资交接、装卸的区域。一般规划在仓库大门外侧或内侧，方便装卸车辆通行的位置。

2）入库待检区：用于存放已完成收货交接，尚未通过验收的物资。根据以往电网公司收发货环节已同时完成验收过程，不存在待检物资，无需规划此区域。

3）收货暂存区：用于存放已通过验收，因各种原因尚未进入货位的物资。

4）不合格品暂存区：用于存放未通过验收的物资。在收货环节已完成验收操作，不合格品由供货商返厂更换。

5）出库（配送）暂存区：用于存放已办理出库手续，尚未装车配送的物资。

6）仓储装备区：用于停放仓储作业所需设备的区域，主要存放叉车、液压手推车、平板手推车、登高车、钢丝绳、篷布等装备。

（7）仓库内作业通道要求如下：

1）仓库内和货架间要预留作业通道，通道尺寸与作业车辆转弯半径需相互匹配。

2）搁板式货架之间采用人工拣货作业时，一般情况下通道宽度以 1～1.5m 为宜。

3）采用液压手推车、平板手推车时通道宽度以 2～2.5m 为宜。

4）采用电动托盘堆垛叉车时通道宽度以 2.8～3.3m 为宜。

5）采用平衡重式叉车时通道宽度以 4～4.5m 为宜。

仓库各功能区域的合理性规划，能够使现场管理明朗化与标准化，物料储存区域一目了然；物料各归其位，可以减少或杜绝混料；便于实现"先入先出"的管理；便于物料的收发管理；便于减少浪费，节约成本，提高工作效率和便于呆废料的现身。

（四）仓库装备配置

（1）各类装备均应定置存放，并制定相应的定置图。

（2）计量和检测装备、保管装备、切割装备应集中放置在工器具房内或库房的固定仓位内。

（3）计量和检测装备中的地磅秤应设置在便于计量或便于车辆通行的位置。

（4）装卸、搬运装备中的叉车、升降车、搬运车、平板车、手推车应放置在库房或大棚（车库）内，在存放地点旁张贴操作规程，操作规程可以为纸质。

（5）装卸、搬运装备中的室外行车应设置在杆塔类、线缆类等大型物资仓位上。

（6）小型灭火器应放置在灭火器箱内。

四、仓储标准化应用

仓储标准化是对物资、工作、工程和服务等活动制定统一的标准并贯彻和实施标准的整个过程。

仓储标准化分类很多，如全国性通用标准、仓储技术通用标准、仓库设备标准、仓库信息管理标准和仓库人员标准等。其中，全国性通用标准有仓库种类与基本条件标准、仓库技术经济指标以及考核办法标准、仓储业标准体系、仓储业服务规范、仓库档案管理标准、仓库单证标准和仓储安全管理标准等；仓储技术通用标准有仓库建筑标准、物资出入库标准、储存物资保管标准、包装标准和物资装卸标准等。

在电网仓储标准化方面，标准化应用主要表现在物资标准、建设标准、容器标准、包装标准和标签标准五个方面。

（一）物资标准

采购物资标准化除了规模采购的优势外，还能够给生产运行带来诸多益处，包括有效促进设备互通互换，减少备品备件数量，简化设备调试、检修和维护工作，优化设备选型，提高设计效率，提高产品质量水平等。

标准化优化的思路是按照品类层级，递进地针对"中类—小类—物资"进行逐层优化。

（二）建设标准

工程建设标准，指对基本建设中各类工程的勘察、规划、设计、施工、安装、验收等需要协调统一的事项所制定的标准。对促进技术进步，保证工程的安全、质量、环境和公众利益，实现最佳社会效益、经济效益、环境效益和最佳效率等，具有直接作用和重要意义。

（三）容器标准

容器标准化，就是把各种散装物、外形不规则的物资组成标准的储运集装单元。

实现集装单元与运输车辆的载重量和有效空间尺寸的配合、集装单位与装卸设备的配合、集装单位与仓储设施的配合，有利于仓储系统中的各个环节的协调配合。

（四）包装标准

包装标准是国家的技术法规，具有权威性和法制性，因此一经批准颁发，生产、使用和管理部门以及公司单位都必须严格执行，不得更改。包装标准包括基础标准、材料、容器、技术标准和产品包装标准五方面。

（五）标签标准

产品标签是指用于识别产品及其质量、数量、特征、特性和使用方法所做的各种表示的统称，产品标签可以用文字、符号、数字、图案以及其他说明物等表示。标签标准包括仓位标签、存储单元标签和物料/物资身份码标签三方面。

电网仓储标准化应用，在物资标准方面，重点在于设备的安装尺寸、铁附件标准；在包装标准方面，重点在于铁附件、绝缘子等；在容器标准方面，重点在于是电缆盘、电缆托盘等，此外，容器开发要注意单位重量承重要大，空载体积要小。

任务二 电网仓储规划设计

≫【任务描述】

本任务主要讲解电网仓储具体规划设计。通过对规划设计要求、定位、库内设计、仓库装备配置和标准应用五方面进行介绍，了解仓储规划时需考虑的因素和规划设计要求，掌握其规划设计方法，尤其是库内各方面的设计、库内装备配置和标准应用。

一、仓储规划要求

（一）总平面设置要求

（1）仓库总平面布置应根据仓库的使用性质、功能、工艺要求等进行合理布局，应争取最好的朝向和自然通风。

（2）库区要考虑通道设置和宽度，如主通道、车辆通道、人行通道、公共设施、防火设备和紧急逃生所需的通道等，通道设计应遵循流量经济性、空间经济性、安全性和交通互利性等原则。其中，通道宽度参考值如表 4-5 所示。

表 4-5　　　　　　　　　　　　通道宽度参考值

通道种类或用途	宽度（m）	通道种类或用途	宽度（m）
主通道	3.5～6	手动台车	1.5～2.5
辅助通道	3	叉车	2.5～3
人行通道	0.75～1	小型台车	车宽+0.7

（3）二层及以上的多层仓库应设置货梯（人货两用），货梯在一层应有独立的出入口，方便使用。

（4）仓库配套主要包含办公室（值班室）、保安室（监控室）、休息室、卫生间、工具室、车辆库等区域。

（5）仓库的安全出口不应少于 2 个。当仓库的占地面积不大于 300m² 时，可设置 1 个安全出口。图 4-3 所示为某电网公司仓库总体布局示例。

（二）仓库主要建筑设计要求

1. 地坪承载要求

（1）仓库的地坪承载需满足物资存放要求，非自动化仓库地坪承载要求不低于 4t，自动化立体仓库地坪承载需满足按货架承载物资重量及相关设备动载要求。

（2）仓库地面应满足平整、耐磨、不起尘、防滑、防污染、隔声、易于清洁等要求。

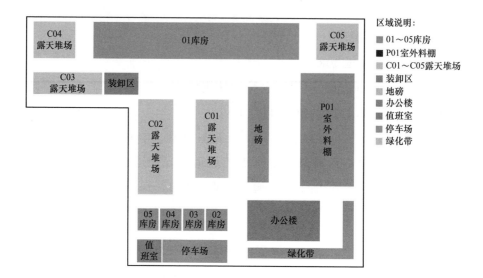

图 4-3　仓库总体布局示例

（3）地坪基础承载根据仓库要求进行设计，采用钢筋混凝土结构。在最大载荷下，地坪的沉降变形比例应小于 1/1000。

（4）地面平整度偏差应符合表 4-6 的规定。

表 4-6　　　　　　　　　　　地 面 平 整 度 偏 差 表

地面长度	偏差
≤50m	±10mm
≤150m	±15mm
>150m	±20mm

（5）仓库地面荷载设计值参考如下：

1）货车道路：$35kN/m^2$。

2）一般露天堆场：$30kN/m^2$。

3）普通货架：$15kN/m^2$。

4）高层货架：$35kN/m^2$。

5）横梁式货架：$25kN/m^2$。

6）存储超大型电缆、超重设备的露天堆场和道路（20～50t），应按实际荷载取值。

（6）室内仓库的地面宜采用环氧地坪漆进行高强度、耐磨损、防滑等高标准处理，厚度不低于 2.0mm，使用年限不低于 8 年。

2. **库房建筑要求**

（1）新建仓库主通道大门采用电动门。物资出入频繁的大门两侧加装防撞杆，直径 150mm，高度 1000mm，并涂刷橙色警示。

（2）新建库房均采用轻型门式钢架结构，严格遵守《门式钢架轻型钢结构技术规程》（CECS102：2002）的规定设计。

（3）钢结构库房建筑外墙板主体采用竖条板，板型统一，厚度不低于 0.6mm，北方地区应加内保温层，保温层厚度根据所在地区进行选取。建筑外墙自室外地面起 1.1m 高度范围采用砌体结构。

（4）库房高度根据使用要求的室内净高确定，取地坪到柱轴线与斜梁轴线交点之间的高度。无吊车房屋门式钢架结构高度宜取 4.5～9m；有吊车的仓库应根据轨顶标高和吊车净空要求确定，一般宜为 9～12m。为维修方便，设屋顶检修梯。

（5）屋顶面板采用彩钢板双坡屋面，颜色为灰色，坡度取 5%～10%，屋面板两侧设外檐沟，屋面以及檐沟的板缝均需填塞密封条，封堵密封胶。

（6）库房大门净宽不小于 4m，高度不低于 4.2m，采用电动防火卷帘。门上均设雨篷，每边宽于门不小于 300mm，外挑 1500mm，并设小门供日常人员出入。

（7）库房建筑地面统一为彩色耐磨地面，荷载较大者配置构造钢筋，不建议使用环氧自流地坪。地面承重要求大于 $10t/m^2$，安装高层货架的地面需进行抄平和硬化地面处理。叉车充电区地面应在库内地面要求基础上，再做防酸防碱环氧处理；区域周边设计出水道，并做防酸处理；附近墙体上设计排风扇。

3. **多层库房的一般建筑要求**

多层库房的建筑应严格按照《中华人民共和国工程建设标准强制性条文》《建筑设计防火规范》《建筑结构荷载规范》《建筑抗震设计规范》《钢结构设计规范》《混凝土结构设计规范》《建筑地基基础设计规范》等国家

有关规程、规范进行设计。二层以上的库房应设置货梯（人货两用），货梯在一层应有独立的出入口，方便使用。

4. 室外料棚一般建筑要求

（1）室外料棚堆场屋顶采用角弛Ⅲ型钢结构，屋顶坡度 5％～10％。

（2）屋顶必须可以承受突发性的暴风雨雪，符合《建筑结构荷载规范》（GB 50009—2001）要求。北方地区应考虑冬季积雪荷载。

（3）立柱采用圆形或多边形钢铁。

（4）地面应采用不吸水、易冲洗、防滑的面层材料，对物资载荷大的地面采取配筋，采用现浇混凝土垫层。地面平整，承重要求大于 15t/m²。

5. 室外露天堆场一般建筑要求

（1）露天堆场平面应比周围道路高出约 50mm，周边设计排水系统，防止堆场积水。

（2）露天堆场周边安装可活动的围栏围挡或设置标识线。

（3）堆场地面应采用不吸水、易冲洗、防滑的面层材料，采用现浇混凝土垫层。

（4）地面平整，承重要求大于 15t/m²。露天堆场堆放荷载较大时，地坪应采取配筋地面。

（5）龙门吊轨道采用预埋件处理，轨道上表面与地面平齐。

6. 道路一般建筑要求

（1）库区道路应满足运输、消防、安全、卫生等方面的要求。

（2）库区道路宜采用混凝土路面。

（3）库区主车道应为双车道，宜呈环形设计，采用公路型混凝土路面，单车道路宽度不应小于 4m，双车道路不应小于 7m。通行大型车辆的路段，道路转弯半径不小于 12m；通行消防车辆路段，道路转弯半径不小于 9m。

（4）存储主网、配网大型设备的仓库道路应具备通行重型货车及大型运输车辆（最大总重量<50t）的条件，其他类型仓库道路应具备通行中型货车（最大总重量≤14t）的条件。

（5）棚仓及露天堆场宜设置叉车、货车、汽车吊可直接通行的通道，以利于大型物资卸装，通道宽度不应小于3.5m。

（6）一级应急及备品备件混合仓库或建筑面积超过3000m² 的仓库宜采用2条及以上库区道路与城市道路连接，以满足物资应急运输需要。

7. 卸货平台要求

新建卸货平台的高度统一为1.1m，宽度4m，并加装防撞垫。

（三）仓库配套工程和设施要求

1. 排水系统

仓库的库区应采取有效的排水系统。市区内建设的仓库应采用地下管道排水，在郊区或山区建设的仓库可采用明渠排水。

（1）仓库采用市政供水系统供水或符合《生活饮用水卫生标准》（GB 5749—2006）规定的水源供水。给水系统包括生活、生产供水系统、消防给水系统。

（2）排水系统包括生活污水、生产废水、雨水排放系统。

（3）卫生器具均选用节水、节能型产品。

（4）按规范要求实行雨、污分流。

2. 电气工程

仓库的电源应设总闸和分闸，宜有独立的配电间或配电箱。库房电源应与道路照明、生产和生活等其他电源分闸控制。照明灯具应采用防爆灯具。各仓库照明、防雷接地系统应满足有关规程规定。

（1）仓库的电气配置必须符合《民用建筑电气设计规范》（GB 51348—2019）的有关规定。

（2）根据供电可靠性的要求，除照明插座供电负荷为三级外，自动化立体仓库均为二级负荷。

（3）根据《建筑照明设计标准》（GB 50034—2019）的有关规定，仓库应配置照明系统，分为一般照明、消防应急照明两种。

（4）一般照明采用单电源方式供电；消防照明采用自带蓄电池的应急灯具，应急时间不小于30min；照明和插座由不同的馈电支路供电，照明、插座配线为单相三线。

（5）自动化立体仓库的天棚安装采光带，并在库内安装节能照明灯，照明标准按 GB 50034—2019 的有关规定执行。

（6）仓库出入口、库房外围、道路等区域需配置室外照明设施。

（7）库区和检测中心内的疏散通道均设置事故及火灾应急照明、疏散指示及安全出口照明。

3. 防雷系统

（1）仓库必须按照《建筑物防雷设计规范》（GB 50057—2010）的有关规定，设置防雷装置。

（2）防雷设防类别应根据相关规范计算确定。防雷接闪器利用屋顶避雷带，引下线利用结构柱内主筋，接地装置利用结构基础钢筋。防雷接地系统与其他接地系统共用基础接地钢筋。

4. 通信和信息

仓库通信联系除内线电话外，应装设公网电话；仓库装设的信息终端应能够接入公司信息内网。

5. 消防设施

（1）仓库库区应有可靠的消防水源。独立设置消防给水管道，并按仓库消防等级需要设置消防喷淋系统。根据国家消防有关规定和公司安全监察质量部要求，仓库库区中配备满足需要的消火栓、消防水池、消防管道、自动报警、自动灭火系统和灭火器材。

（2）地处防火重点地区的仓库，应当按照地方政府的有关规定设置周界防火隔离带。

（3）多层库房耐火等级不应低于二级，单层库房的耐火等级不应低于三级。

（4）仓库的存储区、作业区及其他重要部位属消防安全重点部位，应当设置明显的防火标志牌，在仓库的库房中配备消火栓、防火门、消防安全疏散指示标志、应急照明、机械排烟送风等各类消防器材设备和防火设施。

6. 安保设施

仓库应在公安机关的指导下，根据实际需要配置安保设施设备，如

表 4-7所示。

表 4-7 消防安保设施设备配置参照表

仓库层级	仓库规模（m²）	自动喷淋灭火设备	消防栓设备	电子围栏	干粉灭火器	图像监控
省公司仓库、地市公司仓库	30000	1	1	1	30	1
	20000	1	1	1	20	1
	10000	1	1	1	10	1
	8000	1	1	1	10	1
	5000	1	1	1	10	1
县公司仓库	1000	0	1	1	5	0
	500	0	1	1	5	0

注 表中计列设备配置数量为参考，各单位可根据实际需求进行调整。专业仓储点参照仓库规模配置相应消防安保设施设备。

（1）视频监控系统。在仓库大门、库房出入口、围墙等重点监控区域装设高清晰度监视摄像头来满足安保人员对指定区域内人员活动的即时监视和历史监视查询，条件允许可与远程公安监管系统联网。

（2）红外报警系统。主要应用于室内仓库的防盗。在安放红外探头且布置安防区域后，一旦库区内有任何人员走动都会立即以声音、灯光、短信息、电话等方式通知安保人员。

（3）电子围栏系统。应用于仓库库区的边界防御，在有任何超过规定体积的物体通过电子围栏的防护时都会触发报警机关。电子围栏采用红外对射（或脉冲电网，可根据各地情况具体选择）的方式建造暗电子防护区域，每对围栏发射接收装置可有长达150m的跨度。

（4）在每个库房内安装烟感探测器，当烟雾达到一定浓度时，就会自动报警。

二、仓储规划设计

电网仓储规划设计就是要对其标准规范、储存空间、仓储设施、管理系统等进行决策和设计，通过科学合理地规划仓储系统，统一工作标准和管理制度，调整布局改造技术，构建统一规范的仓储网络，建设现代仓储设施，配备先进高效的自动化物流及仓储管理信息系统。

要规划设计出合理的电网仓库，要从整体着眼，局部入手。首先需要对电网仓储进行定位，包括仓库定位、拣选方式定位和输送方式定位，然后按照定物—定量—定货架—定仓库形由小到大的思路进行分析，根据电网物资的种类、数量、特性选择适合的存储方式，选择相适应的货架，对货架和区域进行布局，规划库外物资车辆的流向和流动，最后确定库房的几何形状。

仓储规划设计方案应做到以尽可能低的成本，实现物资在仓库内快速、准确地流动。

（一）仓库定位

在物流系统设计中，如果能得到服务或成本优势，则应当建立一个仓库。仓库的合适数目与地理位置由客户、制造点与产品要求所决定。仓库代表着一个公司赢得时间与地点效益的总体努力的一部分。从一项政策的角度看，当销售与市场营销影响增加或总成本减少时，仓库才应当在一个物流系统中建立。

仓库选址一般要求有：①运输方便，一般选在离主要道路较近的位置建设仓库，并且所经的道路要宽敞、转弯较少，这样有利于各类物资的运输；②场地水平，有利于物资装卸摆放方便；③要距离所服务的地点距离较近，最好处于各地的中间位置，这样能够以最短的距离辐射到周边；④要具有一定的前瞻性，能够适应未来一段时间的生产经营发展需要。

电网仓储按照功能进行分类，有配送中心型、存储中心型和物流中心型三大类；按电网层级分类，有总部储备仓库、省公司仓库、地市公司仓库、县公司仓库四大类；而按照机械化程度进行分类，分为人工仓库、机械化仓库、自动化仓库和智能仓库四种。根据电网仓储情况，可以得出电网仓储层级与仓储功能、机械化程度的关系图，如图 4-4 所示。

在电网仓储规划中，首先需要选址建设一个仓库，按照仓储所处层级和功能进行定位，确定所在区域需要建设的仓库机械化程度。

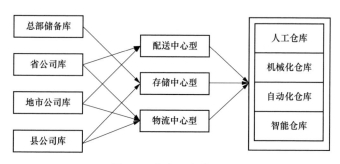

图 4-4　仓库组合关系图

图 4-5　某地市物流中心型机械化仓库

地市公司要建设一个电网物资仓库，首先明确该仓库为地市公司层级仓库，如储存应急物资，则适合建设存储中心型的机械化仓库；如存储建设工程和电网运行维护常用物资，则建设物流中心型的机械化仓库（见图 4-5）或自动化仓库。

下面以地市公司自动化立体仓库为例进行具体定位分析：

1. 自动化立体仓库配置标准（堆垛机式）

（1）日出库量在 300 托/日及以上的省公司仓库，可考虑配置自动化立体仓库。

（2）自动化立体仓库采用自动化立体货架，以立体方式存储，堆垛机用货叉或串杆攫取、搬运和堆垛，或采用从高层货架上存取单元物资的专用起重机。

（3）自动化立体仓库可配置自动导引车（AGV），其装有自动导引装置，能够沿规定的路径行驶，在车体上具有编程和停车选择装置、安全保护装置以及各种物料移载功能。

（4）自动化立体仓库可配置穿梭车（RGV），其能够沿固定的轨道行驶，在车体上具有编程和停车选择装置、安全保护装置以及各种物料移载功能。

（5）自动化立体仓库应配置输送机，根据需要可分为辊道输送机、链条输送、皮带输送机三类。其中：辊道输送机以辊柱作为牵引和承载体输送物料；链条输送机以链条作为牵引和承载体输送物料；皮带输送机以皮带作为牵引和承载体输送物料。

2. 自动化立体仓库轨道布置与物流模式

（1）轨道布置。在单元货格式自动化立体仓库货架中，其主要作业设备是有轨巷道式堆垛机，简称堆垛机。自动化立体仓库货架中堆垛机的布置有三种方式：①直线式，如图 4-6 所示，每个巷道配备一台堆垛机；②U 形轨道式，如图 4-7 所示，每台堆垛机可服务于多条巷道，通过 U 形轨道实现堆垛机的换巷道作业；③转轨车式，如图 4-8 所示，堆垛机通过转轨车服务于多条巷道。通常每条巷道配备一台堆垛机，但当库容量很大，巷道数多而出入库频率要求较低时，可以采用 U 形轨道式或转轨车式以减少堆垛机的数量。

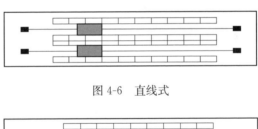

图 4-6　直线式

图 4-7　U 形轨道式

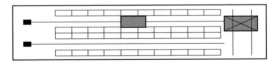

图 4-8　转轨车式

（2）物流模式。

1）平面物流模式。物资在自动化立体仓库货架中的流动形式有三种，即同端出入式、贯通式和旁流式。同端出入式是物资的入库和出库在巷道同一端的布置形式（见图 4-9），包括同层同端出入式和多层同端出入式两种。这种布置的最大优点是能缩短出入库周期。特别是在仓库存货不满，而且采用自由货位储存时，优点更为明显。此时，可以挑选距离出入库口较近的货位存放物资，缩短搬运路程，提高出入库效率。此外，入库作业区和出库作业区还可以合在一起，便于集中管理。贯通式即物资从巷道的一端入库，从另一端出库，如图 4-10 所示。这种方式总体布置比较简单，便于管理操作和维护保养，但对于每个物资单元来说，要完成它的入库和出库全过程，堆垛机需要穿过整个巷道。旁流式即物资从仓库的一端（或侧面）入库，从侧面（或一端）出库，如图 4-11 所示。这种方式是在货架中间分开，设立通道，同侧门相通，这样就减少了货格，即减少了库存量。同时，由于可组织两条线路进行搬运，提高了搬运效率，方便了不同方向的出入库。

图 4-9　同端出入式

图 4-10　贯通式

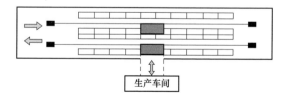

图 4-11　旁流式

2）垂直方向物流模式。垂直方向划分有同层出入库和多层出入库两种方式，如图 4-12 和图 4-13 所示。

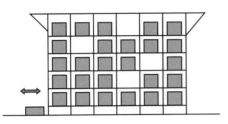

图 4-12　同层出入库方式

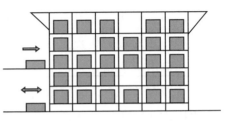

图 4-13　多层出入库方式

（二）输送方式确定

1. 叉车方式

叉车常用于仓储大型物件的运输，通常使用燃油机或者电池驱动，常采用叉车＋出入库台相配置，如图 4-14 所示，具有结构简单、效率低、投资小等特点，适用于手动或单机自动的立体库内。

图 4-14　叉车＋出入库台配置方式

2. AGV 方式

AGV 小车主要用于工业应用中物流中转的无人化、自动化搬运，以达到降低生产成本、提高经济效益的目的。AGV 沿预定的路线自动行驶，将货物或物料自动从起始点运送到目的地，并且 AGV 的行驶路径可以灵活改变，如果配备装卸机构，可以与其他物流设备自动接口，实现货物和物料装卸与搬运全过程自动化。

AGV 小车导引方式有电磁感应引导、激光引导和磁铁—陀螺引导三种。其中，电磁感应引导利用低频引导电缆形成的电磁场及电磁传感装置引导无人搬运车的运行；激光引导利用激光扫描器识别设置在其活动范围内的若干个定位标志来确定其坐标位置，从而引导 AGV 运行；磁铁——陀螺引导利用特制磁性位置传感器检测安装在地面上的小磁铁，再利用陀螺仪技术连续控制无人搬运车的运行方向。

在电网仓储中，常采用 AGV＋巷内输送机配置方式（见图 4-15），具有柔性好、可自动控制和管理、投资较大等特点。

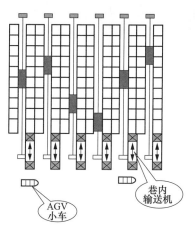

图 4-15 AGV＋巷内输送机方式

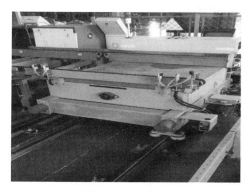

图 4-16 穿梭车

3. 穿梭车方式

穿梭车可以编程进行取货、运送、放置等任务，并可与上位机或 WMS 系统进行通信，结合 RFID、条码等识别技术，实现自动化识别、存取等功能。穿梭车如图 4-16 所示，在固定轨道上以往复或者回环方式运行，将货物运送到指定地点或接驳设备。配备有智能感应系统，能自动记忆原点位置，还配备有自动减速系统。

在电网仓储管理中，常采用有轨小车＋巷内输送机＋进出货输送机/出入库台配置模式（见图 4-17）。具有柔性好、自动控制管理、投资中等等特点。

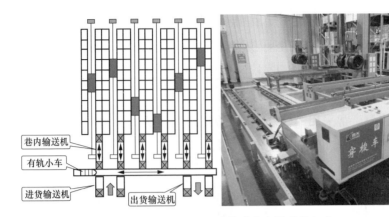

图 4-17　有轨小车＋输送机方式

4. 链条输送方式

链条输送机的输送能力大，主要输送托盘、大型周转箱等物体。输送链条结构形式多样，并且有多种附件，易于实现积放输送，可用做装配生产线或作为物料的储存输送。在电网仓储中，常同有轨小车一起组成有轨小车＋输送机方式配置（见图 4-18）。

图 4-18　有轨小车＋链条输送方式

5. 辊道输送机方式

辊道输送机可以严格控制物资的运行状态，按照规定的速度精确、平稳地输送成件物资，适用于有积储、分流、合流和分类等要求的场合。常用来输送 BS 板链输送机上下来的工件，完成运送，贴标签，打包等工艺操作，如图 4-19 所示。

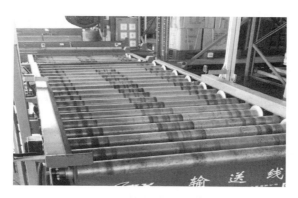

图 4-19　辊道输送机方式

6. 皮带输送机方式

皮带输送机既可以进行碎散物资的输送，也可以进行成件物资的输送。除进行纯粹的物资输送外，还可以与仓储流程中的要求相配合，形成有节奏的流水作业运输线，如图 4-20 所示。

图 4-20　皮带输送机方式

（三）存储方式确定

对电网物资存储方式进行定位，首先要确定所需存储物资的属性，然后根据其属性确定合适的存储方式。

1. 物资分析

对电网物资进行合理分类与分析，能够为仓储规划建设和设计制造电力通用的装卸搬运设备以及计算合理的库容等提供良好的依据。由于电网物资种类众多，有较多的物资物流属性信息需要进行处理，为了将物流属性的数据信息统一成为通用的度量形式，避免出现因单位、尺寸等原因而无法比较的情

123

况，就需要将获取的数据进行预处理，以保证所有的数据都能进行相互比较。

不同的物资具有不同直径数据，一般情况下取该物资的最大直径，对于组合类的物资则取组合后的尺寸。以电网物资物流属性自身的特点为依据，将数据通过标准的方法进行无量纲化的处理，这种方法在进行无量纲化的同时还使各个变量在变异程度的差异得以消除。电网物资物流属性的各个要素没有设定主次先后，因而可以在标准的算法中保证在同一级层下进行比较。通过标准算法这个步骤的处理，可以使各个物资的不同变量处在相同的比较级上，从而进行下一步的分析工作。

2. 存储方式

在电网仓储活动中，常用的存储方式有落地存放、托盘存放、料箱存放、仓储笼存放、托盘框存放和货架存放等。

(1) 落地存放。凡吞吐量大的物资，一般用落地堆放方式，并以分类和规格的次序排序编号。物资堆码的原则如下：①本着安全可靠、作业方便、通风良好的原则合理安排垛位和规定地距、墙距、垛距、顶距；②物资品种、规格、型号等结合仓库条件分门别类进行堆放（在可能的情况下推行无误码放），要做到过目成数、作业和盘点方便、货号明显、成行成列、文明整齐。

(2) 托盘存放。用于物资的平面堆放或货架摆放，方便叉车作业。其中，托盘尺寸需与货架配套，采用塑料或钢制材料。建议使用塑料材质托盘，方便使用与维护，选用尺寸规格为 1200mm×1000mm×150mm 或 1200mm×1000mm×170mm，托盘布局为四面进叉型，载重量静载不小于 4t，动载不小于 1t。有特殊需求时也可采用同样规格的钢制托盘。

(3) 周转箱存放。可堆式周转箱作小件物资整理和存储用，塑料零件盒作人工零星拣选物资用，一侧有开口。周转箱为塑料材质，尺寸为 600mm×400mm×280mm，承重 50kg。

(4) 仓储笼存放。仓储笼广泛应用于原料、半成品及成品的暂存、运输、分类整理与存放。仓储笼也是一种特殊的包装形式，具有和托盘类似的作用，但其钢材料和网状、立体的结构等特点决定仓储笼既可作立体的装卸、存运、运输工具，又可作物流周转箱使用，还可作售货工具，从而提高仓储利用率和保障作业与物资安全。

（5）托盘框存放。在电网仓储活动中，托盘框主要应用于存放绝缘子（瓷瓶），如图 4-21 所示。

图 4-21 托盘框存放

（6）货架存放。周转量小的物资一般采用货架存放方式，上架时以分类号定位编号。

3. 存储设施

（1）总部储备仓库、省公司仓库、地市公司仓库室内货架以横梁式货架和悬臂式货架为主，线缆类物资可采用线缆盘储存货架。县公司仓库室内货架以搁板式货架为主。

（2）零星散件物资采用托盘或周转箱保管。

（3）各仓库配置货架种类和数量结合仓储储备物资类别配置，见表 4-8。

表 4-8　各层级仓库使用存储设施参照表

仓库层级	仓库规模（m²）	横梁式货架（组）	悬臂式货架（组）	线缆盘架（组）	搁板式货架（组）	托盘（个）	可堆式周转箱（个）	塑料零件盒（个）
省公司仓库	30000	650	300	210	0	5360	300	0
	20000	450	160	120	0	3710	200	0
	10000	200	80	50	0	1650	100	0
地市公司仓库	8000	188	64	45	0	1550	100	0
	5000	135	48	30	0	1110	60	0
县公司仓库	1000	0	16	6	40	0	0	60
	500	0	12	4	20	0	0	40

注　1. 表中计列货架尺寸参考如下：
（1）横梁式货架每组货架尺寸为 2500mm×1000mm×4500mm；
（2）悬臂式货架每组货架尺寸为 1000（臂间距）mm×1000（单臂长）mm×4500（高度）mm；
（3）线缆盘架每组货架尺寸为 1700mm×3000mm×3200mm；
（4）搁板式货架每组货架尺寸为 2000mm×600mm×2000mm。
2. 各单位可根据现场实际情况对货架尺寸、选择和数量进行调整。
3. 专业仓储点结合仓库规模、存储物资特点等选择使用仓储设施。

(四) 拣选方式确定

仓库针对客户的订单，将每个订单上所需的不同种类的物资由仓库取出集中在一起，包括拆包或再包装，即所谓的拣选（分拣、拣货）作业。

电网仓储管理中常见的拣选方式有以下四种。

1. 电子标签拣选

在电网仓储物资管理中，电子标签拣选常用于大量物资的短期存放和拣选，其原理是借助安装在货架上每一个货位的 LED 电子标签取代拣货单，利用程序的控制将订单信息传输到电子标签中，引导拣货人员正确、快速、轻松地完成拣货工作，拣货完成后按确认按钮完成拣货工作，从而实现物资的轻松管理。其中，仓管员只需三个动作即可完成拣货：①看/听；②拣数；③按确认键。具体如图 4-22 所示。

图 4-22　电子标签拣选流程

2. 无线终端拣选

无线手持终端常用于脱机采集现场数据和扫描笨重物体条码的场合（见图 4-23），其独有的操作系统和应用程序可以满足不同场合的应用需要。仓储作业时，仓管员在仓库进行货物出库、入库、移库等操作，通过 App 实时记录货物在仓库的流转并提交给办单员，企业借助管理后台与办单员进行仓储工作的实时监管与统计，完成仓储业务工作的智能化信息管理。

图 4-23　无线手持终端扫码

3. 叉车拣选

叉车拣选如图 4-24 所示，按工作高度分为低位和高位两种。

图 4-24 叉车拣选

低位拣选叉车的操作者能够乘立在渠道上来进行驾驭，方便进行物料的上下拣选，因而它适用于车间内各工序间加工部件的转移，以便降低转移和拣选的工作强度。而且因为其渠道高度有限，一般为 200mm 摆布，其支撑脚轮的直径也比较小，因而其适用于平整路面的行进。

高位拣选叉车的操作者能够随装卸装置一同进行上下运动，而且能够作用于其两侧，因而它适用于高层货架库房。其起升高度是为 4～6m，最大可达 13m，因而能够大大提高其空间活动范围。为了安全起见，其运动速度不是很快。

叉车拣选可保证高效拣选速率，其需要人与车辆的完美同步互动，适用于低速到高速作业。

4. 自动传输分拣系统拣选

自动分拣系统一般由控制装置、分类装置、输送装置及分拣道口组成，具有能连续大批量地分拣货物、分拣误差率极低和分拣作业基本实现无人化等主要特点（见图 4-25）。能够把很多物资按品种、不同的地点和单位及顾客的订货要求，迅速准确地从其储位拣取出来，按一定方式进行分类、集中并分配到指定位置，等待配装送货。

图 4-25 自动传输分拣系统拣选

自动分拣系统适于分拣底部平坦且具有刚性的包装规则的商品。袋装商品、包装底部柔软且凹凸不平、包装容易变形、易破损、超长、超薄、超重、超高、不能倾覆的商品不能使用普通自动分拣机进行分拣。为了使大部分商品都能用机械进行自动分拣，可以采取两项措施：①推行标准化包装，使大部分商品的包装符合国家标准；②根据所分拣的大部分商品的统一的包装特性定制特定的分拣机。要让所有商品的供应商都执行国家的包装标准是很困难的，定制特写的分拣机又会使硬件成本上升，并且越是特别的其通用性就越差。因此要根据经营商品的包装情况来确定是否建或建什么样的自动分拣系统。

三、仓储库内设计

（一）出入库流程分析

在整个电网仓储入出库流程中，一共有 6 种出入库情况：①物资经过收货区卸货，在存货区进行上架储存，有出库任务时，不经拣货区直接经过出库理货区进行出库作业；②物资经收货区在存货区进行上架存储，在分拣区进行大量拣货，并伴随有补货的情况，然后进行出库、装车；③同大量拣货流程一样，不同的是，在拣货区进行零碎拣货和批量拣货；④物资经收货区后直接进入拣货区进行拣选、包装，暂放后出库、装车；⑤物资经过收货区直接配发；⑥物资不经仓库卸货、接收，直接越库直发。各种情况具体流程如图 4-26 所示。

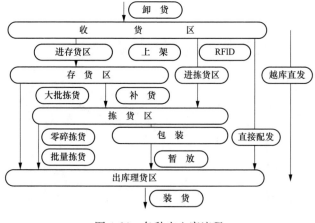

图 4-26　各种出入库流程

(二) 合理划分区域

应根据实际业务需求和地域特点，整合传统储运功能，统筹管理各单位所辖仓库，合理布局，尽可能缩小物资从收货到发货的移动距离与时间。优化资源配置，重点建设高效现代化仓储网络来满足电网物资业务需求，辅以适当中转库的设置满足边远地区生产运营和应急作业的需要。图 4-27 为某地市公司的机械化仓库区域划分示例。

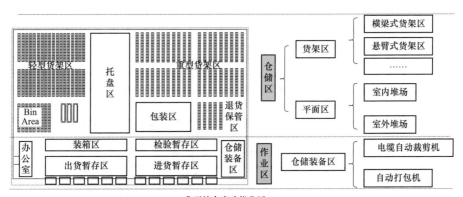

图 4-27 某地市公司的机械化仓库区域划分示例

电网仓储主要划分为收货区、储存区、拣货区和发货区四部分，如图 4-28 所示。

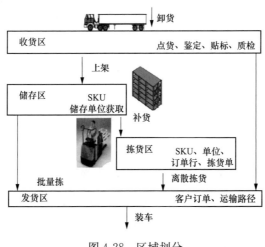

图 4-28 区域划分

其中，电网仓库按功能分类，可分为仓储区和作业区两部分。

1. 仓储区

按存放地点分为平面区和货架区。

（1）平面区：主要用于储存各类体积较大、重量较重、储备条件有要求的、储存时间较长的物资。

（2）货架区：货架按类型分为横梁式货架、通廊式货架、悬臂式货架、自重式货架（压入式/重力式货架）、阁楼式货架、特殊货架。

2. 作业区

作业区包括装卸区、收货暂存区、待检入库区、不合格品暂存区、出库（配送）暂存区、仓储装备区。图 4-29 为不同作业区产品状态颜色标识。

图 4-29　识别产品状态的颜色标识

（1）装卸区：用于物资交接、装卸的区域。

（2）待检入库区：用于存放已完成收货交接、尚未通过验收的物资。

（3）收货暂存区：用于存放已通过验收、因各种原因尚未进入货位的物资。

（4）不合格品暂存区：用于存放未通过验收的物资。

（5）出库（配送）暂存区：用于存放已办理出库手续、尚未装车配送的物资。

（6）仓储装备区：用于存放各类物流作业工具，如叉车、堆垛机、登高台等。

仓库内的道路（通道）宽度要适当，太宽会挤占仓库内有限空间，太窄又不利于搬运。尤其是一些大件物资，要考虑机械搬运时所需宽度。如果仓库是利用已存在的厂房改造而成，则需充分考虑库内的门、窗、光、柱、灯等因素，根据各类物资的存储条件和所需要空间，合理规划各类物资的摆放地点。例如：仓库大门较窄，车辆无法进入，一般用于存放小件物资。相反如仓库大门较宽敞，货车、叉车可进入库内，则可存放大批量物资或大型物资，并可利用卡车直接运进库内或叉车装卸。仓库各功能区域建筑面积可参考表 4-9。

表 4-9　　　　　　　　仓库各功能区域建筑面积参考表

功能区	面积	仓库面积（m²）							
		30000	20000	10000	8000	5000	1000	500	200
仓储区	货架存储区	8000	5000	2200	2000	1400	250	168	100
	室内平面堆放区	4000	2500	1500	1800	800	200	132	45
	室外料棚区	3700	2500	1100	—	—	—	—	—
	室外堆场区	4000	2800	1500	1400	1000	200	100	—
作业区	装卸区	100	100	80	70	50	20	10	5
	入库待检区	200	200	150	120	100	—	—	—
	不合格品暂存区	100	100	70	60	50	—	—	—
	仓储装备区	500	400	200	150	100	30	10	5
	出库（配送）暂存区	400	400	200	—	—	—	—	—
通道		6000	4000	2000	1600	1000	200	80	40

注　各功能区面积为参考面积，各单位可根据仓库实际情况进行调整。

（三）合理布局货架

在电网仓储布局中，常见的货架布置方式有横列式布局、纵列式布局和纵横式布局三种。

1. 横列式布局

横列式布局指货垛或货架的长度方向与仓库的侧墙互相垂直，如图 4-30 所示。其主要优点是主通道长且宽，副通道短，整齐美观，便于存取盘点，如果用于库房布局，还有利于通风和采光。

图 4-30　仓库横列式布局

2. 纵列式布局

纵列式布局指货垛或货架的长度方向与仓库侧墙平行，如图 4-31 所示。其主要优点有：①可以根据库存物品在库时间的不同和进出频繁程度安排货位；②在库时间短、进出频繁的物品放置在主通道两侧，在库时间长、进出不频繁的物品放置在里侧。

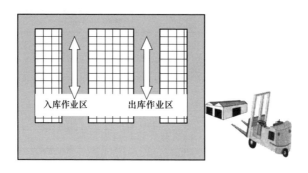

图 4-31　仓库纵列式布局

3. 纵横式布局

纵横式布局指在同一保管场所内，横列式布局和纵列式布局兼而有之。优点是可以综合利用两种布局的优点。

（四）路线规划设计

1. 合理设计物流

（1）物资从进货口开始，然后进入仓库中的储存位置，通过拣货后又流动到出货口。

U 形布置如图 4-32 所示，其物资移动路线合理，进货、出货口相邻，可使进出口资源充分利用，也便于进行越库作业。这种布置对向三个方向扩建有利，所以成为仓库设计中的首选。

进出口月台相邻使月台资源充分利用，也便于越库作业。

直进穿越式布置非常适合纯粹的越库作业，也便于解决高峰时刻同时进出货的问题，适合配送中心型仓库，如图 4-33 所示。

（2）仓库人工作业区、行车作业区、机械作业区相对分开，互不干涉，如图 4-34 所示。

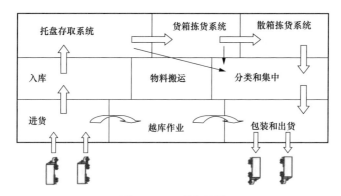

图 4-32 U 形布置图

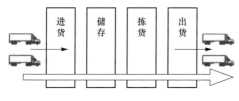

图 4-33 直进穿越式布置图

2. 拣货路线设计

拣货路线和拣货方式没有最优选项，只有最适合的选项。而拣货路线和拣货方式的设计又依托于库内物流流向、货架、商品的摆放、标识。

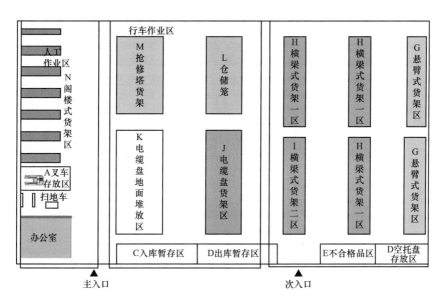

图 4-34 仓储平面区域合理设计示意图

（1）货架摆放分析。仓库分为进货口、出货口、仓储区、打包区、出仓区（有的仓库进货口和出货口是同一个）。仓库的布局当中，最重要之一是货架的摆放，因为货架摆放的科学与否决定了拣货路线是否合理。到底是按照货架设计拣货路线，还是根据拣货路线设计货架位置，这两者是互相影响的，到底是改变货架，还是改变拣货方式，需看仓库处于什么阶段。一般而言，新仓库可以按照拣货路线设计货架摆放位置，而一个已经摆放了商品的仓库要改变货架工作量太大，所以旧仓库成本较低的改善办法是改变拣货路线、拣货方式，同时逐步调整货物置放位置。

货物的位置摆放应该遵循以下原则：

1）入出库数量大或者频繁的物资应该摆放在靠近货架入出库口或仓库库口近的货位上。

2）入出库数量大或者频繁的物资应放置在黄金货架中间的黄金位置。

但在具体执行过程中需要按照货架的具体情况来处理，如黄金货架的黄金位置已经被别的物资占用，就要把出入库频繁的物资放在次黄金货架。此外，到底黄金位置放置哪种物资也需要仓库根据自身情况去决定。不过大致准则是一样的，将出货量大、体积较大的商品摆放在接近出口的位置，如图 4-35 所示。

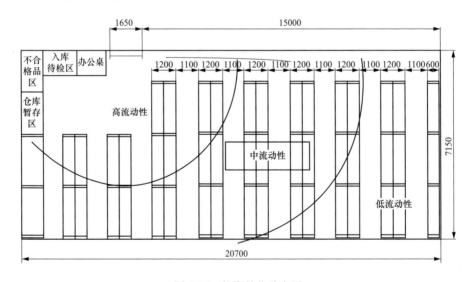

图 4-35 物资储位分布图

对体积大、重量重和高流动性的物资尽量规划到离出入口较近的位置，这样利于装卸搬运。

（2）拣货路线与拣货方式分析。

1）拣货路线分析。电网仓储物资管理中，往往存放较多的商品，出货量也较大，拣货员的劳动量会比较大，合理科学的拣货路线、拣货方式能够大大提高拣货效率，降低拣货员的工作量。这里以 S 形路线为例进行介绍，如图 4-36 所示。

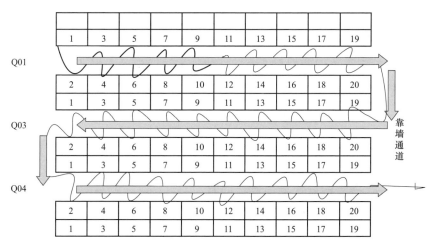

图 4-36　S 形路线

S 形路线的拣货路线和拣货方式是按照 4 个 S 形嵌套来设计的。这 4 个 S 形分别是货架 S 形摆放、拣货 S 形路线、货号位 S 形设计、搜寻视线 S 形。这 4 个 S 形的关系是货架 S 形决定拣货路线 S 形，货位号 S 形决定搜寻视线 S 形。

S 形路线的好处包括：①S 形路线对拣货员来说是效率最高的路线；②在这个仓库中，入口和出口在一侧，拣选员每次作业起点也是终点，每次作业不会走重复的路线，属于这个仓库中最省力的路线；③货架的摆放位置按照牌号左单右双，保证拣货员走的路线也是 S 形；④每个货架是多层结构，货位号也是从上到下呈 S 形排列。

这样 4 个 S 形的设计，不仅保证拣货员走的路线是最经济的，也保证了拣货员视线搜寻的线路也是最经济的，对于提高分拣效率和降低仓库运作成本是有意义的。

在非自动化仓库或配送中心里，分拣一直被认为是劳动最密集、成本最高的运作，拣货路线的优化必然会降低仓储成本、提高生产力。

2）拣货方式分析。货架、货位、路线规划好之后，对于拣货有两种选择：一是按单拣货，二是汇总拣货。按单拣货是在拣货时将物资按照订单分置在不同的物品篮里，然后送至打包处；汇总拣货，是拣货途中不将物品分篮，直接送到打包处后再由打包工等按照订单进行打包。

两种拣货方式各有优劣：按单拣货方便打包工，也较为节省汇总计算的时间，但可能会增加拣货员的作业次数和每次作业的时间；汇总拣货则将拣货员的作业时间压缩，将拣货到打包的分拣分为两个步骤，先由拣货员从仓库先筛选一遍，再由打包工进行最终筛选。

通过以上对电网仓储设计的介绍可知，在进行电网仓储设计时要考虑到以下原则：①最大利用空间原则；②最短作业线路原则；③最少搬运次数原则。同时，要充分考虑物流、信息流、人流、容器流、参观流的流线，做到人工作业区、机械作业区分离。

（五）库内标牌标识设计

对于库内标牌标识，各电网公司都有各自的要求。下面介绍的是国家电网公司的库内标牌标识的设计和要求，供参考。

1. 库区引导牌

仓库范围内宜在大门入口醒目处设置库区引导牌，采用竖立固定放置形式，分别注明不同库区、办公室名称和方向，如图 4-37 所示。

图 4-37　库区引导牌

2. 仓库总体布局图

电网仓库总体布局图如图 4-38 所示，其库房、室外料棚、露天堆场和办公室颜色建议如表 4-10 所示。

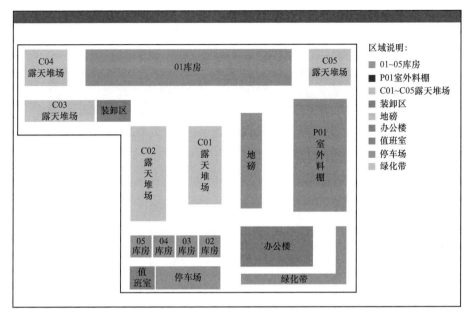

图 4-38　仓库总体布局图

表 4-10　　　　　　　　　　各 库 区 颜 色 建 议

库房	PANTONE 3278C，（RGB：41，154.117）		绿色
室外料棚	PANTONE 186C，（RGB：192，0.54）		红色
露天堆场	PANTONE 109C，（RGB：255，209.0）		黄色
办公区	PANTONE 151C，（RGB：255，130.0）		橙色

3. 仓库定置图

仓库定置图如图 4-39 所示，宜悬挂在库房室内大门入口处醒目位置，尺寸按库房面积大小不同分别设置，原则上不小于 1200mm×900mm；大棚库和露天库的标牌和定置图宜竖立于入口醒目位置，正面为标牌，背面为定置图，尺寸为 1000mm×600mm。

4. 出入库操作流程图

有条件的仓库宜在库房室内大门入口处与定置图对应位置悬挂出入库操作流程图，尺寸按库房面积大小不同分别设置，原则上不小于 1200mm×900mm。

5. 文化宣传栏

文化宣传栏如图 4-40 所示，宜设置于仓库大门入口主通道两侧或办公楼大厅醒目位置，采用竖立固定放置或靠墙设置，主要用于仓库管理人员岗位职责公示、公司目标、宣传等。

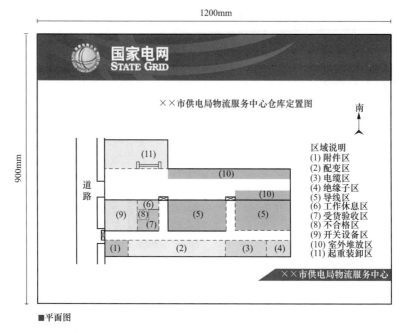

图 4-39　仓库定置图示例

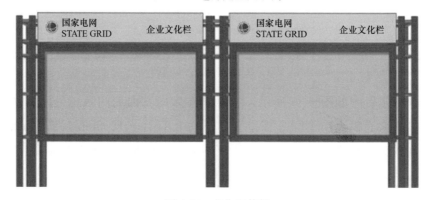

图 4-40　文化宣传栏

6. 上墙制度标准样式

在仓库办公室醒目墙面上设置相关制度、规定（含安全操作规程）的展示标牌，如图 4-41 所示，原则上不小于 1000mm×750mm。

7. 门牌

在办公室和小型库房门口醒目位置应设置门牌进行标识，如图 4-42 所示，门牌制作参见电网统一标识。

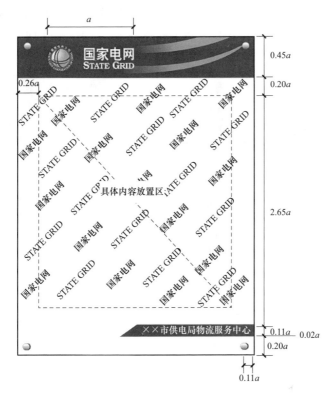

图 4-41　上墙制度标准样式

8. 岗位牌

应在仓库办公室工作人员办公桌左上角摆放岗位牌（视办公情况也可粘贴），标识岗位名称、人员姓名、工号和照片，如图 4-43 所示。

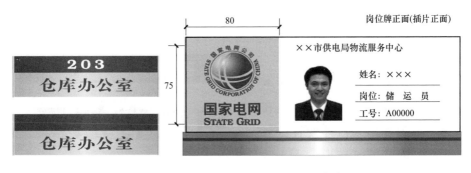

图 4-42　门牌　　　　　　　　　　　图 4-43　岗位牌

9. 安全警告标识

应在库房入口大门醒目处设置禁止烟火标志、车辆和人员不得擅入标志，同时在库房内醒目位置设置禁止烟火标志，如图 4-44 所示。

禁止标记	警告标记	指令标记	指示标记
●禁止吸烟	●注意安全	●必须戴防护眼镜	● 紧急出口
●禁止堆放	●当心中毒	●必须戴防护手套	●避险处

图 4-44　安全警告标志

在电网仓储中，较为通用的颜色规范要求如表 4-11 所示。

表 4-11　　　　　　　　各 种 颜 色 的 含 义

红色	表示禁止、停止、消防和危险	注意：这些为较为通用的颜色要求，不同的公司可以有其自身的规范，但就一个公司而言，必须注意统一并与公司 VI 相结合
黄色	表示注意和警告	
蓝色	表示指令和必须遵守的规定	
绿色	表示通行、安全	
黄黑条纹	表示需特别注意	

10. 区域标识

库房或库区内应划分不同的储存区域，在区域靠近主通道侧应设置区域标识，标识应注明区域号和区域名称，如图 4-45 所示。设置方式可按不同库房或库区采用固定竖立或悬挂方式，尺寸原则上不小于 400mm×300mm。

11. 区域隔离带

为防止工作人员和非工作人员随意出入相应库存区域，应在区域分界处除出入口外设置区域隔离带，如图 4-46 所示。

图 4-45　区域标识

图 4-46　区域隔离带

图 4-47　编号标识

12. 库房、货架编号标识

库房编号标识应设置在库房的正立面醒目位置，编码牌大小尺寸宜采用直径为建筑物总高的 1/5 左右的有机玻璃和其他材料制作，绿底白字，如图 4-47 所示。每列货架应在货架靠近主通道处的左上角设置货架标识牌，同一库房内标识编号应从左到右顺序增加，编号应采用两位数字序号表示。

13. 物料标识

在货架的对应货位应设置物料标识牌，标识牌正面应注明仓位编码、单位、物料编号、物料描述、条形码等信息，背面应注明入库、出库和结存日期，供储运员填写。采用标签插入可换方式，如图 4-48 所示。

正面　　　　　　　　　　　　反面

图 4-48　物料标识

14. 地面区域标线

仓位区域的界定应用线条划分，并在区域靠近主通道侧的界线中间向两边设置区域标识（对应定置图的编号和区域名称）。

（六）其他设计

1. 合理设计月台

（1）月台高度。月台高度与车辆货台高度一样，一旦车辆停靠后，车辆货台与站台处于同一水平面，有利于使用作业车辆进行水平装卸，如图 4-49 所示。

图 4-49　月台（卸货平台）

（2）站台高度的确定。要求尽量减少不同车辆停靠时车厢底板与站台高度差，以提高作业效率。不同车辆的站台高度参见表 4-12。

表 4-12　　　　　　　　　　　不同车辆的站台高度

车型	站台高度（m）	车型	站台高度（m）
平板车	1.32	冷藏车	1.32
长途挂车	1.22	作业拖车	0.91
市区卡车	1.17	载重车	1.17
国际标准集装箱拖车	1.40		

2. 合理留出配送区

配送区域的大小是根据物资配送的数量、配送点的多少以及配送人员的多少决定的。某仓库的配送区如图 4-50 所示。

图 4-50　仓库配送区

3. 合理设计采光

可采用灯光或自然光设计，灯光位置必须位于通道上方，不可位于货架正上方，如图 4-51 所示。

图 4-51　采光设计

4. 其他方面设计

其他设计包括内墙的排水管道、消防设备及区域标识等的设计，如图 4-52所示。

其中，电网仓储消防系统必须通过所在地方工程管理中心验收。在公司自检合格后，向工程管理中心提交验收申请单，验收过程中遇到的问题，施工单位进行整改，直至验收合格。

图 4-52　消防设备及区域标识

四、仓储装备选配

在仓库装备配置方面，以货架选配和仓库其他设备选配两个角度进行介绍。

（一）货架配置

1. 货架选择

（1）货架选择基本原则。仓储合理的布局核心就是货架的规划和使用，不管是通过人工操作机械存取设备来满足对速度、精度、高度、重量、重复存取和搬运等方面要求的传统货架，还是通过货架、堆垛机、出入库输送机、与管理信息系统等自动完成物资的存取作业的智能货架，在仓库货架选用上都需要遵循以下三个基本原则：

1）仓储货架承受上限。货架设计需要根据库房地面及存放物资的重量来确定每层的承载，而货架整体也应该考虑受重上限。

2）堆放高度上限。仓库货架的规划要考虑到仓库可利用的净高，即仓库顶部的障碍物到仓库地面距离，而非仓库高度。同时，每层物资堆放高度也应考虑在内。

3）叉车等机械设备的作业通道。对仓储货架进行作业的叉车等机械设备在其整个伸展高度和提升重量的情况下应具有足够的旋转半径。

（2）货架选择的考虑因素。在电力行业中，仓库普遍采用中量型货架、

144

重量型货架、横梁式货架、货位式货架、悬臂式货架和自动化立体仓库等类型的货架。在进行电网仓储货架选择时，要考虑如下因素：

1）存储密度。通过最小存货单位（SKU），分析现有库存容量，判断仓库有没有采用深巷道存储的机会。深巷道存储系统包括双深度货架、通廊式货架、托盘式货架和流利式货架等，可以显著提高仓库的空间利用率。

2）出货精度要求。如果要求100％的出货准确率，则可供选择的货架种类的范围会大大缩小。如果希望在任何时候都能够准确地访问任意一个托盘，深度仓储就不太合适；在存储密度极大的仓储空间，寻找指定的托盘将变得异常困难。当然如果仅在移动频率最低的物资中采用深度存储，那么仓库需要额外付出的用于寻找指定托盘的作业时间相对来说是可以接受的。

3）先进先出还是后进先出。在选择深巷道存储系统前，要先明确物资出库原则。如果执行严格的先进先出原则，选择托盘式货架比较好；如果想采用其他形式的货架，就要谨慎估算为寻找特定物资而付出的额外劳动成本。

4）明确拣货方式。考虑订单的主要类型以及通常采用的拣选方式，是按托盘、按箱、按件拣选，还是批量拣选物资然后置于分拣区，这些都会对货架的选择产生影响。

5）叉车的可达性。叉车的选择对仓库来说至关重要，尤其是当仓库采用的是贯通式或双深度货架系统时。对于这两类货架系统，叉车制造商通常会要求预留6～12英寸的直角堆垛巷道，以便减少叉车作业对物资和货架的损坏，同时也有利于提高生产效率和营造一个更安全的作业环境。

6）辅助装备。叉车底板和叉槽位置的不同会对托盘造成不同程度的损伤，同时可能影响物资和操作人员的安全，因而可能需要购买额外的货架组件（如托盘支架、隔板等），以避免叉车与托盘兼容性差等问题。

7）确定仓库周边地震带。在设计、安装任何货架系统之前，了解地方政府标明的潜在地震带的相对位置。如果仓库恰巧位于一个地震高风险区，那么就需要对包括货架系统在内的所有人造设施提出更严格的工程要求。

8）重构仓库照明系统。仓库照明系统设计时，要充分考虑如何更好地增加出货精度、减少货架损坏和提高劳动环境舒适度。

9）仓库环境。充分考虑仓库温度、湿度、卫生条件、清洁要求和产品特殊存储需求等。

10）载重量。将仓库中自重最大的托盘满载时的重量精确测量出来，假设其可能被放置到任意的存储位置，并据此建立货架系统。这对提高存储系统的灵活性和安全性大有裨益。

（3）货架选择的注意事项。根据货架特点，应注意以下问题：

1）选择合适的货架类型。要根据自身物资的规格和特点来选择合适的货架形式，这样才能提高货架的利用率，同时提高仓库使用的效率。建议用户在仓库系统改造设计时，多咨询货架的生产厂家。

2）注意货架施工的工期。大部分货架属于加工定制，客户在采购时需要预留出设计、生产、运输、安装等时间。建议客户事先同货架厂家进行沟通确定这些时间，然后根据自身的时间进行合理安排。

3）注意货架现场的条件。现在很多项目在土建施工时就需要货架进场安装，事实上，在安装条件不具备时就要求货架进场施工，往往会造成货架施工工期无法控制，货架施工质量无法得到保证。毕竟货架产品最后一道工序是现场施工，良好的施工环境是产品质量及工期的重要保证。

4）选择品质优异的产品。用户往往认为货架比较简单，货架是钢铁的应该不会有问题，因此在选用时，往往考虑价格较为便宜的。实际上钢铁也有一定的强度界限，超过了极限货架仍然会倒塌，国内出现过多起因货架用料不足而倒塌的事件，给用户带来巨大的经济损失，有些甚至造成严重的人身伤亡事故。

2. 货架选配

（1）货与架匹配。仓储管理员在陈列仓储物资时，需要根据货架的形状、物资的特性及仓储特性等选择合适的货架。

电网仓储货架及用途如表 4-13 所示。

表 4-13　　　　　　　　　　　仓储货架说明表

类型	结构	特点	用途
层架	由框架和层板构成的货架，分为数层，层间可存放物资	结构简单，实用性强，便于物资的收发作业	储存有包装、可以堆码的物资
格架	在层架的基础上，将某些层或所有层用隔板分成若干格	每个货格上只能存放一种物资，不易混淆	储存品种多、规格复杂的无包装、不能堆码的物资
抽屉架	与层架相似，但每一层中有若干个抽屉，用于封闭储存物资	具有防尘、防潮、避光、防冻的作用，储存物资不宜混淆、丢落	储存小件贵重物资
厨架	将货架分成若干封闭厨格，每格前面装有可开闭的厨门	属于封闭式存储，特点与抽屉架基本相同	用于储存贵重物资、精密仪器等
U 形架	外形呈 U 形，组合叠放时成 H 形，成双使用	结构简单、实用，且机械强度大、叠码堆放时仓容利用效率高，价格低，能实现机械化装卸作业	储存大型的管材、型材、棒材等
悬臂架	外形似塔式悬臂，并且由纵梁相连而成，分单面和双面两种	属于边开式的货架，不便于吊装等机械化操作，因而存取作业强度较大	储存长条形的轻质材料、长条形金属材料等
棚架	外形似棚栏，分固定式和活动式两种	存取容易，可实现机械化、自动化作业	储存长条形的笨重物资

注　特种物资的仓储应使用仓库中的特种货架，如模具架、油桶架、流利货架、网架等货架。

货与架匹配时，需要考虑以下五种因素：

1）物资的物理特性。选择货架时，要根据物资的体积、重量及储存单位等，选择强度、规格合适的货架，避免因货架承重或存储空间的关系影响物资的正常存储。

2）物资的储存要求。根据物资的储存要求，选择适当的货架，以便于对物资进行管理。

3）仓库的设施建设。货架的选择还要考虑与搬运机械等的配合，不同的搬运及装运设备作业所需的通道宽度是不同的。因而，在选择货架时，还应同时考虑使用何种装运设备与之配套。

4）仓库作业的特点。选择货架时，还要考虑仓库存储的密度及物资进出库的频率。尽量选择能够充分利用仓库存储空间，扩大仓库存储定额，并且不影响仓库物资进出库效率的货架。

5）仓库结构。仓库设计管理者还应根据库房的结构，如高度、地坪强度、梁柱位置、防火防盗设施等选择货架种类。

（2）架与库匹配。选择货架时，货架与仓库是否匹配也是一个需要考虑的问题。在购买仓储货架时不仅要买质量稳定的，还要保证在仓库里使用便捷，所以仓储货架一定要与仓库空间大小匹配。

1）货架的稳定性。仓库货架钢结构体系设计、建造以及使用当中存在着许多不确定性因素，有必要引入可靠度分析。

2）货架一定要适合仓库特点。在购买之前一定要先行规划或者让货架厂专业技术人员进行量身定做以利于增加仓库的利用率，降低出现问题的可能性。

在各类仓库中，货架按仓库结构可分为整体式货架和分离式货架两类，如图 4-53 所示。整体式货架即货架系统和建筑物屋顶等构成一个不可分割的整体，由货架立柱直接支撑屋顶荷载，在两侧的柱子上安装建筑物的围护（墙体）结构；分离式货架即货架系统和建筑物为两个单独的系统，互相之间无直接连接。

(a) 整体式

(b) 分离式

图 4-53　按仓库结构分类

（二）仓库其他设备配置

省公司仓库、区域库和地市公司仓库应综合考虑仓库存储面积、仓库使用效率、物资周转率等因素配备仓库装备，可根据存储需求及实际情况选配以下设施。

1. 省公司仓库、区域库

（1）计量和检测装备：机械秤、地重衡（30t 及以上）、电子台秤、电子吊秤、金属测厚仪、镀锌层测厚仪、卷尺、游标卡尺。

（2）装卸、搬运装备：

1）起重机：桥门式起重机（5t 及以上）、流动式起重机（12t 及以上）。

2）叉车：平衡重叉车（5t 及以上）、前移式叉车（2t 及以上）、堆垛机（2t）、手动叉车、升降车（1t 及以上）。

3）搬运车：货车（2t 及以上）、电动液压搬运车、手动液压搬运车、平板车、手推车等。

4）搬运辅助设备：钢丝绳、吊装带、紧线器、千斤顶、篷布等。

（3）保管装备：

1）货架：悬臂式货架、重力式货架、横梁式货架、压入式货架、驶入式货架、通廊式货架、电缆盘架、变压器架。

2）特殊储存设备：智能工器具柜、恒温恒湿库。

3）液体储存设备：变压器油罐、油桶、玻璃器皿、液体接盘。

4）气体储存设备：各类气体钢瓶。

（4）辅助储存设备：温度、湿度检测装置、空气去湿机、离心通风机、轴流通风机、捆扎机、塑模缠绕机、塑料托盘、枕木、打包工具、绕线机、标签机、打孔机、资料柜、仓储笼、整理箱、周转箱、登高器具、塑封机、除锈机。

（5）消防装备：火灾自动报警设备、自动喷淋灭火设备、消防箱、消防栓、灭火器、消防沙（危险品仓库）。

（6）切割装备：断线钳、大剪刀、拆箱工具、切割机、台钻、电缆切断钳、角钢切断器、切刀、角向砂轮机、手锯。

（7）网络通信装备：电脑、网络交换机、扫描仪、打印机、电话、传真机、复印机、投影仪、条形码扫描仪、数码相机、条码打印机、手持扫描终端。

（8）安保装备：监控设备、应急照明系统、防盗报警传感器。

2.地市公司仓库

（1）计量装备：机械秤（磅秤）、电子台秤、卷尺、游标卡尺。

（2）装卸、搬运装备：手动叉车、搬运车、手动液压搬运车、平板车、手推车、搬运辅助设备（钢丝绳、吊装带、紧线器、千斤顶、篷布）。

（3）保管装备：货架（悬臂式货架、重力式货架、横梁式货架、压入式货架、驶入式货架、通廊式货架、电缆盘架）、塑料托盘、枕木、打包工具、仓储笼、整理箱、周转箱、登高器具、工器具、工具箱（锤子、钳子、改锥、电钻、卷尺、螺丝刀、尼龙绳等）、整理架、周转箱、梯子、包装工具。

（4）消防装备：火灾自动报警设备、消防箱、消防栓、灭火器、消防沙。

（5）切割设备：断线钳、大剪刀、拆箱工具、切割机、电缆切断钳、手锯。

（6）网络通信设备：电脑、网络交换机、扫描仪、打印机、电话、传真机、条形码扫描仪、数码相机、条码打印机、手持扫描终端。

（7）安保设备：电子监控设备、应急照明设备、防盗报警传感器。

五、仓储标准应用

标准化主要表现在物资标准、标签标准、包装标准、容器标准和建设标准五个方面。

（一）物资标准

采购物资的标准化是电网公司标准化建设体系的重要内容，是提升集团化运作水平和核心竞争力的重要手段。随着电网公司进一步推进集中采购机制，物资采购标准化除了规模采购的应用优势外，给生产运行也带来了越来越多的益处，包括有效促进设备互通互换，减少备品备件数量，简化设备调试、检修和维护工作，优化设备选型，提高设计效率，提高产品质量水平等。

其中，物资模块化标准，就是将电网物资模块化入库，实现电网物资按任务分类、按模块存储、按需求动用，并通过日常仓储活动进行论证检验，以满足电网仓储对于电网公司的生产生活以及后勤物资保障需要。

电网公司搭建物资通用性分析体系，通过"小类通用优化指数"对于小类优先级进行排序，排序靠前的小类优先进行通用性优化；再对待优化小类中的所有物资通过"物资通用指数"进行排序，优先淘汰排序靠后的物资；最后，地市局针对待优化的物料清单进行地域专属性判断和物资更新换代判断，形成物资标准化优化列表。

以变压器为例，其种类多种多样，按用途分有电力变压器、试验变压器、仪用变压器和特殊用途的变压器；按相数分有单相交压器和三相变压器两种；按绕组形式分有自耦变压器、双绕组变压器和三绕组变压器；按铁芯形式分有芯式变压器、壳式变压器两种；按冷却介质分有油浸式变压器、干式变压器、充气式变压器和蒸发冷却变压器；按容量分为配电变压器，中配变压器和大型变压器三类。其形式多种多样，统一变压器标准，对后续的仓储工作和工程建设很有帮助，如图 4-54 所示。

图 4-54 统一变压器种类

功能与安装尺寸的统一，能够实现电网物资的标准化管理，甚至电网仓储的标准化设计，能够达到缩短工程建造工期、提高建设质量的目标，如图 4-55 所示。

物资分类与码放的标准化，可以使复杂的事物简单化，便于编制物资计划、采购订货和加强管理，如图 4-56、图 4-57 所示。

改造前　　　　　　　　　　　　　改造后

图 4-55　统一功能和安装尺寸

图 4-56　统一码放标准

（二）标签标准

产品标签是指用于识别产品及其质量、数量、特征、特性和使用方法所做的各种表示的统称，产品标签可以用文字、符号、数字、图案以及其他说明物等表示。

1. 仓位标签

标签尺寸：80mm×40mm；打印精度：≥200dpi；材质：铜版纸/PET 纸/特种纸等。安装要求如表 4-14 所示。

图 4-57　标准化分类

表 4-14 仓位标签安装要求

存储类型	粘贴要求
中、轻型货架	仓位横梁上，居中贴挂。需将条码部分显示在横梁中间
重型货架	第一层的货架，贴于左边立柱； 第二层距横梁上下各 5cm，居中贴挂； 第三层及以上贴于左边立柱于第一层标签上方依次排列
悬臂式货架	于仓位横梁上，居中贴挂
室内平库	粘贴在标识牌下方
室外堆场	不做要求

2. 存储单元标签

标签尺寸：80mm×40mm；打印精度：≥200dpi；材质：铜版纸/PET 纸/特种纸等。

安装方式：根据需要粘贴或者悬挂。

3. 物料/物资身份码标签

标签尺寸：80mm×40mm（物料标签）或 80mm×80mm（物资身份标签）；打印精度：≥200dpi；材质：铜版纸/PET 纸/特种纸等；安装方式：根据情况粘贴在便于扫描的位置，根据标签摆放地点，选择使用防水标签。如图 4-58 和图 4-59 所示。

图 4-58 统一仓储容器扫码标签

物料标签粘贴对象原则：

（1）独立包装或独立设备直接粘贴。

（2）如附属设备没有电网物料号，则仅在主设备上粘贴物料标签；如

153

附属设备有电网物料号，则主设备和附属设备都粘贴物料标签；

（3）如一物多包且不分主附设备，则每个单体上都粘贴物料标签。

图 4-59 统一物资物料标签

（三）包装标准

包装标准是为了取得物资包装的最佳效果，根据包装科学技术、实际经验，以物资的种类、性质、质量为基础，在有利于物资生产、流通安全和厉行节约的原则上，经有关部门充分协商并经一定审批程序，而对包装的用料、结构造型、容量、规格尺寸、标志以及盛装、衬垫、封贴和捆扎方法等方面所做的技术规定，从而使同种、同类物资所用的包装逐渐趋于一致和优化。

包装标准包括以下五个方面：

1. 基础标准

包装基础标准是包装最基本的标准，具有广泛的使用性。它包括名词术语、包装尺寸系列、包装标志和运输包装基本试验四大类。相关标准主要由包装管理标准、集装箱与托盘标准、运输储存条件标准构成。

2. 材料

包装材料及试验方法标准对各类材料及包装辅助材料均规定了不同的技术质量指标及相应的物理、化学指标、具体的试验测定和卫生标准及检验方法。

3. 容器

不同的包装材料所制成的各种容器，或用同一材料包装不同的物资容器及试验方法的技术指标、质量要求、规格容量、形状尺寸、性能测试方法等都有具体的规定。

4. 技术标准

包装技术标准对各种防护技术的防护等级、技术要求、检验规则、材料选择、防护药剂、防护方法、防护性能试验等都做了明确的规定。

5. 产品包装标准

产品包装标准是对某一具体产品的包装用料要求、包装技术、包装含量、包装标志、容器形状、充填要求、捆扎方法等的具体规定。

(四) 容器标准

容器标准化就是把各种散装物、外形不规则的物资组成标准的储运集装单元，其有利于实现仓储系统中各个环节的协调配合，如图 4-60 所示。

图 4-60　储存容器标准示例

容器标准化可实现集装单元与运输车辆的载重量及有效空间尺寸的配合、集装单位与装卸设备的配合、集装单位与仓储设施的配合，这样做会有利于仓储系统中的各个环节的协调配合。

在异地中转等作业时，不用换装，提高通用性，减少搬运作业时间、减轻物资的损失、损坏，从而节约费用，同时也简化了装卸搬运子系统，降低系统的操作和维护成本，提高系统的可靠性，提高仓储作业的效率。

（五）建设标准

工程建设标准指对基本建设中各类工程的勘察、规划、设计、施工、安装、验收等需要协调统一的事项所制定的标准。工程建设标准是为在工程建设领域内获得最佳秩序，对建设工程的勘察、规划、设计、施工、安装、验收、运营维护及管理等活动和结果需要协调统一的事项所制定的共同的、重复使用的技术依据和准则，对促进技术进步，保证工程的安全、质量、环境和公众利益，实现最佳社会效益、经济效益、环境效益和最佳效率等，具有直接作用和重要意义。

结合国家标准和《国家电网公司仓储网络规划指导意见》《国家电网公司标识应用管理办法》，同时结合各单位现状，分析各层级仓库特点，统一公司仓库建设改造标准和配置标准，建成功能齐全、规格统一、管理规范、满足电网发展要求的现代化电网公司物资仓库。

任务三　电网仓储规划设计常见问题

》【任务描述】

本任务主要讲解电网仓储规划设计常见问题。用图表的形式，通过对定位、模数和设计三方面问题进行阐述，了解仓储规划设计中的常见问题。

一、定位问题

仓库常见定位问题见表 4-15。

二、模数问题

仓库常见模数问题见表 4-16。

三、设计问题

仓库常见设计问题见表 4-17。

表 4-15 常 见 定 位 问 题

名称	示例	说明
仓库分布图	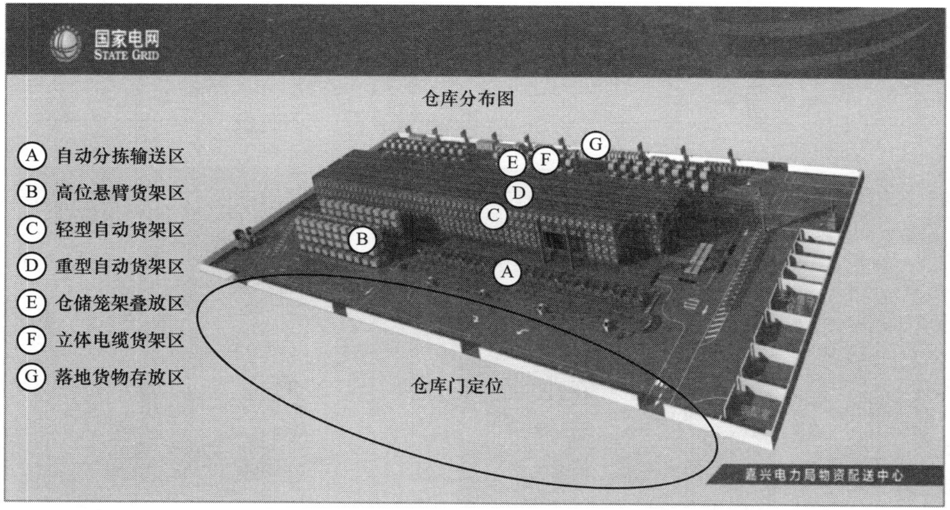	仓库在土建建设时，未明确本仓库的功能和定位，在建设时仓库有 4 个出入门，后来仓库明确为物流中心型配送仓库，开设了多个分拣口，造成出入门与分拣口位置不对应，影响配送效率。这是建库时定位不准确所造成的问题

表 4-16   常 见 模 数 问 题

名称	示例	说明
斜拉叉问题	 	仓储在土建建设中，设置了较多的斜拉叉，未考虑后来货架的摆放，使得货架和区域布局不合理，占用较多空间，降低仓库空间利用率，货架与库之间模数不匹配
利用率问题		仓库建设时，未设置货架进行立体存放，不符合仓库最大利用率的原则，从而导致仓库空间利用率较低，货与库之间模数不匹配

表 4-17   常　见　设　计　问　题

名称	示例	说明
动线问题	 动线太长	仓库在设计时，自动货架的出入口与仓库的出入库门距离太远，使得物资的搬运动线太长，物流效率下降
搬运次数问题	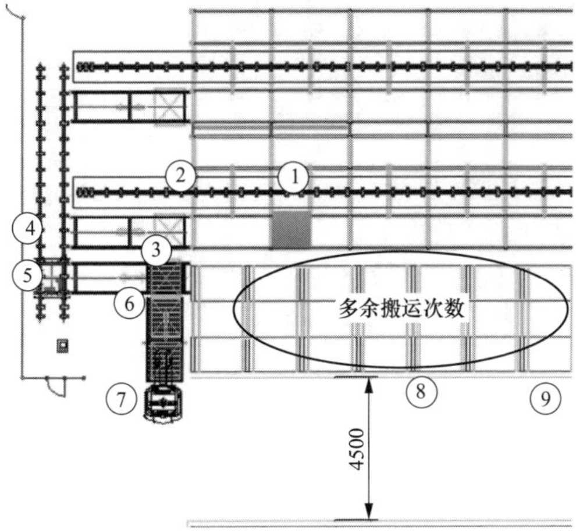 多余搬运次数 4500	仓库设计时，自动化货架出库时经过堆垛机、链式输送线、穿梭车、辊筒式输送线、AGV、叉车等多次搬运，造成多余搬运次数，增加了物资出入库的时间，提高了物资的搬运成本
货架与光源问题	 货架与光源	仓库设计时，需要照亮的地方应该是物流作业区。本案中灯光位于货架的上方，未照亮拣货巷道

续表

名称	示例	说明
利用率问题		设置电缆货架的目的是提高电缆的存储率和方便电缆的分段拣选。本案中设置了电缆货架，但未考虑多层电缆存放，使得电缆的存储率未提高，反而增加了仓储的成本
下水管道问题		仓库在建设中，雨水管道设置在室内，使得在台风暴雨期间容易出现渗水现象，影响仓储物资的存放质量

任务四　电网仓储规划设计案例分析

》【任务描述】

本任务主要以某电网公司仓库为例进行仓储规划设计分析。通过对仓储背景、现状和定位等角度分析，从而对电网仓储进行合理规划设计。

某公司 W 仓库规划设计如下：

一、仓储建设原则和定位

为进一步夯实仓库建设基础，全面提升物资供应效率和服务水平，满足电网建设和生产运营需要，根据仓库建设标准，构建经济高效、创新引领的现代仓储配送体系要求。应急物资调拨指令下达后，库存物资快速组织送货到现场的优质化服务要求。遵照公司统一部署，承担该片区电力物资存储和调配任务。按照"经济、适用、科学、高效"的建设原则，W 仓库新建设定位为具有较高的标准化、信息化、自动化功能的集电力物资储、检、配和送为一体的现代智能仓库，其仓库建筑形态为库房、室外料棚、露天堆场、道路四部分组成。因此本库规划范围是物资储备区域、物资质量检测区域、物资配送区域和办公区域的设计规划。

二、物资存储分析

W 仓库物资存储物资数量是根据现有的库存量和近 3 年库存数据分析，再经过科学分析和经验推算得出库存单元化数量，在设计仓储容量时按照典型值统计物资数量结果进行设计。物资存储根据物资特点和外形尺寸以及重量，分为室内轻型物资立体存储区、室内重型物资立体存储区、露天堆场存储区和室外料棚存储区四个存储区。

1. 室内轻型物资立体存储区

轻型物资立体存储是将物资码放在标准的托盘上，通过自动化装置存放在立方体货架上，主要存储表 4-18 所列物资。

表 4-18　　　　　　　　　　轻型物资立体存储区适宜物资

通用物资	库存单元化数量					库存种类
分类	库存_计算	均值_统计	典型值_统计	峰值_统计	单位	
避雷器	32	26	34	53	托盘	1
导、地线-布电线	不存	131	183	307	托盘	19
低压屏（柜）、箱	304	295	454	583	托盘	10
电缆附件	41	53	83	98	托盘	56
负荷开关	14	18	39	42	托盘	1
高压熔断器	58	37	53	63	托盘	2
交流断路器	191	74	101	146	托盘	2
金具	409	392	616（≈13000 箱）	759	托盘	72
开关柜（箱）	不存	7	13	14	托盘	9
铁附件	636	1005	1360	1612	铁笼	108
总计	1685	2038	2936	3677		

2. 室内重型物资立体存储区

重型物资立体存储区将超过 1.5t 重、体积大于标准托盘的物资和盘径小于 2m 的电缆码放在定制的钢托盘上，通过自动化装置存放在立方体货架上，主要存储表 4-19 所列物资。

表 4-19　　　　　　　　重型物资立体存储区适宜物资

通用物资分类	库存单元化数量					库存种类
	库存_计算	均值_统计	典型值_统计	峰值_统计	单位	
电缆	60	75	65	240	盘	25
交流变压器	110	105	120	265	台	12
JP柜	—	—	—	—	—	—
总计	170	180	185	505		

3. 露天堆场存储区

露天堆场存储区将超过 3t 重、体积大于重型物资立体范围的物资和盘径大于 2m 的电缆，通过龙门吊装置码放在定制的储位上，主要存储表 4-20 所列物资。

表 4-20　　　　　　　　露天堆场存储区适宜物资

通用物资分类	库存单元化数量					库存种类
	库存_计算	均值_统计	典型值_统计	峰值_统计	单位	
2米盘径以上电缆	60	58	65	78	盘	10
欧式箱变	11	12	14	16	台	10
大型设备	10	8	10	15	台	10

4. 室外料棚存储区

室外料棚存储区将各种废旧物资，通过叉车和起吊装置码放在定制的专用货架和仓储笼上，主要存储表 4-21 所列物资。

表 4-21　　　　　　　　室外料棚存储区适宜物资

序号	物料名称	库存类型	总库存	计量单位	存储方式
1	废旧钢管杆（桩）	废旧	57.01	t	地堆
2	废旧铁附件	废旧	0.651	t	地堆

序号	物料名称	库存类型	总库存	计量单位	存储方式
3	废旧 10kV 变压器（160kVA）	废旧	2	台	横梁货架
4	废旧 10kV 变压器（250kVA）	废旧	7	台	横梁货架
5	废旧 10kV 变压器（315kVA）	废旧	6	台	横梁货架
6	废旧 10kV 变压器（400kVA）	废旧	2	台	横梁货架
7	废旧 10kV 变压器（400kVA）	废旧	4	台	横梁货架
8	废旧 10kV 变压器（500kVA）	废旧	4	台	横梁货架
9	废旧 10kV 变压器（630kVA）	废旧	5	台	横梁货架
10	废旧 10kV 变压器（800kVA）	废旧	7	台	横梁货架
11	废旧 220kV 变压器（150MVA）	废旧	1	台	横梁货架
12	废旧箱式变电站（AC10kV）	废旧	7	套	地堆
13	废旧其他交流电流互感器	废旧	7	台	横梁货架
14	废旧电磁式电流互感器	废旧	2133	台	地堆
15	废旧电磁式电压互感器	废旧	30	台	横梁货架
16	废旧瓷柱式交流断路器	废旧	2	台	横梁货架
17	废旧柱上断路器	废旧	109	台	横梁货架
18	废旧高压交流自动重合器	废旧	2	台	横梁货架
19	废旧柜内交流断路器	废旧	28	台	横梁货架
20	废旧交流三相隔离开关	废旧	75	组	横梁货架
21	废旧中性点隔离开关	废旧	6	台	横梁货架
22	废旧串联电抗器	废旧	7	台	横梁货架
23	废旧消弧线圈接地变压器成套装置	废旧	2	套	横梁货架
24	废旧高压开关柜	废旧	264	台	横梁货架
25	废旧环网柜	废旧	3	面	横梁货架
26	废旧配电箱	废旧	21	个	横梁货架
27	废旧其他电力电容器	废旧	3	台	横梁货架
28	废旧单台电容器	废旧	148	台	横梁货架
29	废旧框架式电容器组（不含电抗器）	废旧	8	组	横梁货架
30	废旧交流避雷器	废旧	190	台	横梁货架
31	废旧其他高压熔断器	废旧	42	只	横梁货架
32	废旧交流支柱绝缘子	废旧	344	只	横梁货架
33	废旧其他穿墙套管	废旧	15	只	横梁货架
34	废旧封闭绝缘母线	废旧	27.38	m	地堆
35	废旧操作箱	废旧	132	只	横梁货架
36	废旧变电在线监测装置	废旧	5	套	横梁货架
37	废旧测控装置	废旧	67	套	横梁货架
38	废旧大屏幕	废旧	28	套	横梁货架

序号	物料名称	库存类型	总库存	计量单位	存储方式
39	废旧端子箱	废旧	84	t	地堆
40	废旧电能计量箱	废旧	33.652	t	地堆
41	废旧控制箱	废旧	1	t	地堆
42	废旧操作屏	废旧	101	面	横梁货架
43	废旧其他数据网络设备	废旧	1	台	横梁货架
44	废旧阻波器	废旧	29	台	横梁货架
45	废旧耦合电容器	废旧	32	台	横梁货架
46	废旧其他仪器仪表	废旧	155	只	横梁货架
47	废旧电能表（电子式）	废旧	89988	只	横梁货架
48	废旧钢管杆（桩）	废旧	50	t	悬臂货架
49	废旧铁塔	废旧	702.241	t	地堆
50	废旧钢芯铝绞线	废旧	224.08	t	地堆
51	废旧铝包钢绞线	废旧	0.876	t	地堆
52	废旧钢绞线	废旧	42.259	t	地堆
53	废旧铝绞线	废旧	0.551	t	地堆
54	废旧布电线（铝）	废旧	10.906	t	地堆
55	废旧电力电缆（AC 35kV）	废旧	5.49	t	地堆
56	废旧电力电缆（AC 110kV）	废旧	54.18	t	地堆
57	废旧低压电力电缆（铜）	废旧	2.06	t	地堆
58	废旧低压电力电缆（铝）	废旧	0.02	t	地堆
59	废旧通信电缆	废旧	2.51	t	地堆
60	废旧绝缘子	废旧	35	只	横梁货架
61	废旧铁附件	废旧	36.76	t	地堆
62	废旧铜	废旧	3848.6	kg	地堆
63	废旧铜	废旧	27	kg	地堆
64	废旧铝	废旧	35	kg	地堆
65	废旧铝	废旧	5	kg	地堆
66	废旧其他配件	废旧	442	个	横梁货架
67	废旧变压器配件	废旧	1	个	横梁货架
68	废旧断路器配件	废旧	1	个	横梁货架
69	废旧隔离开关配件	废旧	48	个	横梁货架
70	废旧消弧线圈、接地变压器及成套装置配件	废旧	2	个	横梁货架
71	废旧开关柜（箱）配件	废旧	40	只	横梁货架
72	废旧电力电容器配件	废旧	17	个	横梁货架
73	废旧避雷器配件	废旧	6	个	横梁货架
74	废旧其他工器具	废旧	271	个	横梁货架
75	废旧电脑周边	废旧	1597	个	横梁货架

三、物资存储区域设计方案

1. 整体布局设计

W 仓库平面规划库内立体存储区、露天堆场存储区、室外料棚存储区和卡车装卸等待区四个在区域，分布如图 4-61 所示。

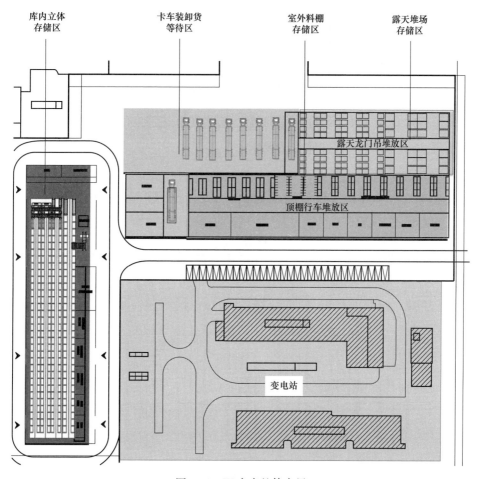

图 4-61　W 仓库整体布局

2. 露天堆场存储区设计

露天堆场存储区设计面积为 $66 \times 24 = 1408$（m^2），装卸机械配置龙门吊。主要存放直径大于 2m 的电缆及箱式变电站等物资。方案图如图 4-62 所示。

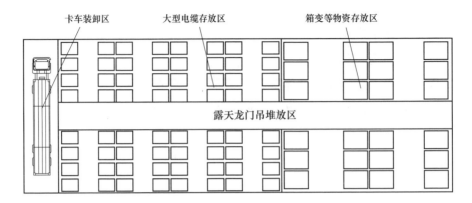

图 4-62　露天堆场存储区设计方案

可存放直径大于 2m 的电缆 64 盘，箱式变电站等大件物资 24 个，满足典型值 64 盘和 24 个大件储位的要求。

3. 卡车装卸货等待区

卡车装卸货等待区设计面积为 $40 \times 22 = 880$（m^2），可停大型卡车 7辆，如图 4-63 所示。

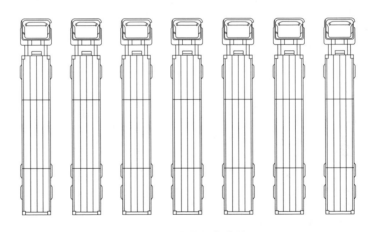

图 4-63　卡车装卸货等待区

4. 露天料棚存储区

露天料棚存储区设计面积为 $125 \times 22 = 2750$（m^2），装卸机械配置行吊，用于存放废旧物资，如图 4-64 所示。

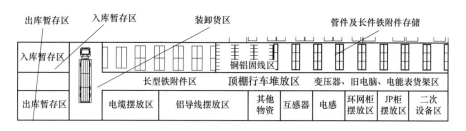

图 4-64　露天料棚存储区设计方案

露天料棚存储区主要有：入库暂存区（面积 $15 \times 8.5 = 127.5m^2$）、出库暂存区（面积 $15 \times 8.5 = 127.5m^2$）、装卸货区（面积 $10 \times 22 = 220m^2$）、管件及长件铁附件存放区（$33 \times 8.5 = 280.5m^2$）及废旧物资存放区（主要有铜铝固线牌、变压器、旧电脑、电能表、电缆摆放区、铝导线摆放区、互感器、电感、环网柜、JP柜、二次设备等废旧物资，面积 $168 \times 8.5 = 1428m^2$）组成。满足 80 种废旧物资的存放要求。

5. 室内立体存储区

室内立体存储区如图 4-65 所示，分为室内轻型物资立体存储区和室内重型物资立体存储区。室内轻型物资立体存储区设计面积 $99 \times 12.8 = 1267.2m^2$，高度 16m，层高三层；室内重型物资立体存储区设计面积 $85 \times 5 = 425m^2$，高度 8m，位于室内轻型物资立体存储区地面一层。一层总使用面积 $99 \times 26.8 = 2653.2m^2$。

（1）库内存放区：主要由仓储装备区、操作式、轻型立库、重型立库、检测中心及办公区组成。

（2）仓储装备区：主要停放叉车、洗地机等仓储设备；使用面积 $12 \times 4.5 = 54m^2$。

（3）操作区：主要负责立体仓库操作人员使用；面积 $14 \times 4.5 = 63m^2$。

（4）轻型立库区：使用面积 $85 \times 12.5 = 1062.5m^2$，库房高度 16m，立库高度可做到 15m 左右，主要存放小件物品，如金具、劳保、电表、电线等；托盘尺寸 L1200×D1000mm，单元承载 1000kg；货位数 3240 个。满足典型值 2936 个标准托盘物资的存放要求。

（5）重型立体库区：使用面积 $85 \times 5 = 425m^2$，库房高度 9m，立库高度可做 8m 左右，主要存放直径≤2000mm 的电缆，变压器等大件物资，容器尺寸 2000×1450mm，单元承载 3500kg；货位数 192 个，满足典型值 185 个专用托盘物资的存放要求。

（6）电缆自动拣选区：主要针对电缆的零星出库进行拣选。面积 18×5＝90m²。

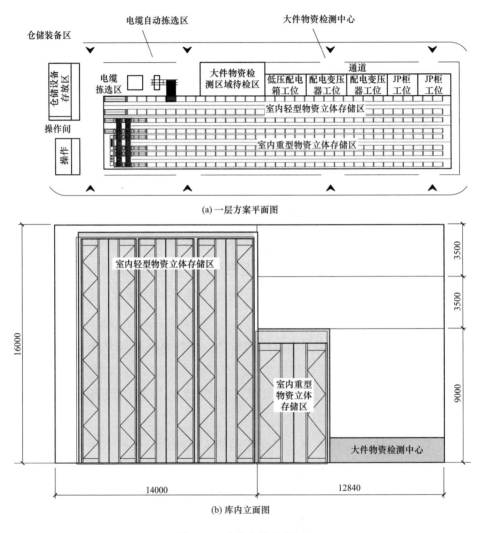

(a) 一层方案平面图

(b) 库内立面图

图 4-65 室内立体存储区

四、物资质量检测区域设计方案

一楼大件物资质量检测区如图 4-66（a）所示，主要针对电缆、变压器等大件物资进行检测；面积 $60 \times 8 = 480 \text{m}^2$。

二楼物资质量检测区如图 4-66（b）所示，总面积 $99 \times 12.8 = 1267.2 \text{m}^2$，分为局部实验室（面积 $8 \times 20 = 160 \text{m}^2$）、3 个避雷器工位（$8 \times 15 = 120 \text{m}^2$）、3 个熔断器工位（$8 \times 15 = 120 \text{m}^2$）、密封实验工位（$8 \times 10 = 80 \text{m}^2$）、力学实验区与抗拉强度实验区（面积 $10 \times 27 = 270 \text{m}^2$）。

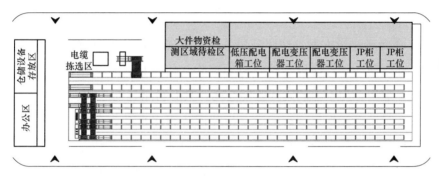

(a) 一楼方案平面图

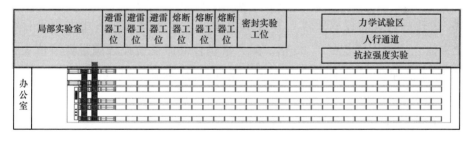

(b) 二楼方案平面图

图 4-66 物资质量检测区设计方案

质量检测中心设在库内，符合国家电网公司提出的储、检、配合一要求，并且使储、检、配高度融合，大大提高物流作业效率。

五、办公区域设计方案

三楼方案平面图如图 4-67 所示，主要由 1 个大厅（面积 $20 \times 12.8 =$

256m²）、12 个办公室（单个办公室面积 5×10＝50m²）、2 个会议室（单个会议室面积 5×20＝100m²）组成；满足 30 人办公的要求。

大厅	办公室	办公室	办公室	办公室	办公室	办公室	会议室
	办公室	办公室	办公室	办公室	办公室	办公室	会议室
办公室							

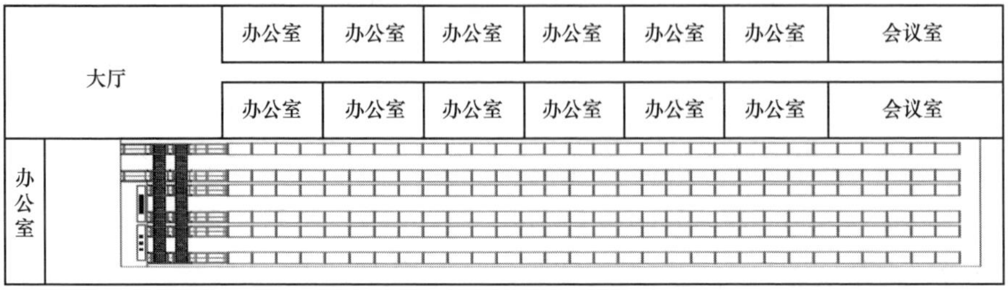

图 4-67　三楼方案平面图

W 仓库新建设方案，按照公司总部建设现代智慧供应链的要求和仓储建设提升行动计划，建设定位是以标准化、信息化、自动化特点，集物资储、检、配和送为一体的现代智能仓库，具有科学、前瞻和创新性。

设计时，首先根据现有的库存量和近 3 年库存数据分析，再经过科学分析和经验推算得出仓库储备额，再进行单元化、存储特点、外形尺寸和重量分析，将物资存储分为室内轻型物资立体存储区设计储位 3240 个。室内重型物资立体存储区货位数设计储位 192 个，分别满足典型值 2936 和185 个托盘物资的存放要求，并且采用传统叉车式货架库占用面积是自动化立体仓库占用面积的 2.25 倍。露天堆场存储区储位设计满足典型值大型电缆 64 盘和 24 个大件储位的要求。室外料棚存储区满足 80 种废旧物资的存放要求。

质量检测中心设在库内，创新提出的储、检、配合一要求，并且使储、检、配高度融合，大大提高物流作业效率。办公区域满足 30 人办公的要求。

项目四测试题

项目五

电网仓储改造

> **【项目描述】**

本项目通过对仓储改造原则、改造设计和相关案例进行介绍，使读者了解仓储改造的原因，掌握改造原则和改造设计。

任务一 电网仓储改造原则

> **【任务描述】**

本任务通过对电网仓储改造原因和原则进行介绍，帮助读者了解仓储改造的原因，掌握仓储改造原则。

一、电网仓储改造原因

仓库是否需要改造，不因建设时间的早晚而决定，而是根据仓储的实际需求来决定。电网仓储改造的原因主要有以下两个：

1. 仓库设施设备陈旧

有些电网仓库运行多年，设施设备落后，不能满足现代电网仓库物资存储要求，同时面临着人工成本升高、生产效率低、安全生产系数隐患增高等风险。为此，需要对原有设施设备进行改造，引进合适的有发展前景的设施设备，并聘请有相关经验的技术人员。

2. 仓储功能不能满足需要

随着电网公司工程建设规模的不断扩大和所需外购物资的品种与数量的增加，仓库存量远远超过设计标准，不可避免地造成各类入库物资不能按货位合理有序摆放，除了会影响库容库貌外，还可能对库存物资的质量造成影响。同时仓库功能发生变化、系统需要升级等，都需要对电网仓储进行改造。

客观上讲，仓库改造比新设计的仓库更加困难，仓库改造应该按照更

172

高要求进行，绝不能妥协，只有这样才能体现改造的价值和意义。

二、改造原则

在进行电网仓储改造时，需要根据电网物资特点、库存量，同时结合现有条件、计划等因素对仓库进行整体改造，要提高库容利用率，同时改善物资的存贮条件。

仓库改造方案应做到以尽可能低的成本，实现物资在仓库内快速、准确地流动。这个目标的实现，要通过物流技术、信息技术、成本控制和仓库组织结构的一体化策略才能达到。仓库总体改造工作流程如图 5-1 所示。

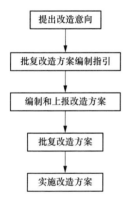

图 5-1　仓库总体
改造工作流程

在进行电网仓储改造时，要考虑的总体改造基本原则有以下三项：

1. 规范性

以现行国家法律法规为基础，既符合现行标准，又严于国家标准。

2. 系统性

框架上，在建设结构、电气安全、安全措施、储存安全、安全管理等方面提出系统性改造方案。

3. 实用性

结合电网仓储运营现状，必须要考虑到使用与便于实施的原则。

在进行电网仓储改造时，不仅要考虑到规范性、系统性和实用性三项总体改造原则，具体改造时，还要满足以下几项基本要求：

1. 系统融合和简化

要根据物流标准化做好包装和物流容器的标准化，把各种散装物资、外形不规则物资组成标准的储运集装单元，实现集装单元与运输车辆的载重有效空间尺寸的配合、集装单位与装卸设备的配合、集装单位与仓储设施的配合，这样做会有利于仓储系统中各个环节的协调配合，在异地中转等作业时不用换装，提高通用性，减少搬运作业时间，减轻物资的损失、损坏，从而节约费用。同时也简化了装卸搬运次数，降低系统的操作和维护成本，提高系统的可靠性，提高仓储作业的效率。

2. 平面合理设计

若无特殊要求，仓储系统中的物流都应在同一平面上实现，以减少不必要的安全防护措施。减少利用率和作业效率低、能源消耗较大的起重机械，提高系统的效率。

3. 物流、信息流的有机统一

物流、信息流是相离相合的。现代物流是在计算机网络支持下的物流，物流和信息流的结合能够解决物流流向的控制问题，从而提高作业的准确率和系统作业效率。而物流与信息流又是相离的，这样能够将所需信息一次识别出来，再通过计算机网络传到各个节点，以降低系统的成本。否则，就要求在物流系统的每个分、合节点均设置相应的物流信息识读装置，这势必造成过高的冗余度，从而增加系统的成本。

4. 设备配置及系统柔性化

仓库的改造和仓储设备的购置需要大量的资金。为了保证仓储系统高效工作，需要配置针对性较强的设备，而社会物流环境的变化又有可能使仓储物资品种、规格和经营规模发生改变。因此在规划时，要注意机械和机械化系统的柔性和仓库扩大经营规模的可能性。

5. 物资搬运次数尽量减少

不管是以人工方式还是自动化方式，每次物料处理都需要花费一定的时间和费用，通过复合操作，或者减少不必要的移动，或者引入能同时完成多个操作的设备，可以减少处理次数。

6. 搬运路线尽量缩短

移动距离越短，所需的时间和费用就越低；避免物流线路交叉，即可解决交叉物流控制和物料等待时间问题，保持物流的畅通。

7. 仓储成本减小与效益提高

在改造仓库和选择仓储设备时，必须考虑投资成本和系统效益原则。在满足作业需求的条件下，尽量降低投资。

任务二 电网仓储改造设计

》【任务描述】

本任务主要讲解电网仓储改造设计。通过仓库设施改造、仓库设备改造、仓库布局改造、仓库功能改造、仓库升级改造五方面进行介绍，具体讲解实际电网仓储改造涵盖内容与方法。

新建仓库一般应从整体着眼，局部入手。先对厂址进行选择，对厂区进行总体把握和布局，然后按照"定物—定量—定货架—定仓库形"由小到大的思路进行分析，对各个功能区如分拣区、仓储区、质量控制区等规划工艺流程、设备布局等，最后确定库房的几何形状，以项目管理的方法来新建库房。

改造仓库在许多情况下仓库基础设施已经完成，改造只能在现有基础上进行。需要按照现有仓库利用最大化的原则对仓库的设施、设备、布局、功能、容量、升级等进行改造。

一、仓库设施改造

仓储设施主要包括建筑物、电源、照明、暖通、消防、安保等，下面针对电力仓储现有设施常见的问题提出改造意见。

1. 围墙改造

仓库应设密实、坚固、完整的围墙，围墙高度不应低于 2.5m，墙顶应设防攀越措施，如图 5-2 所示。

2. 雨水管道改造

仓库的雨水管道设置在库内，如遇雨水量较大或下水管道堵塞时，雨水大量流入库内，造成库容物资的损坏。通过改造将雨水管道装在库外，如图 5-3 所示。

3. 采光的改造

改造前自然采光带垂直于巷道，自然光不能充分照射在巷道内，巷道内的光线明暗不均,影响标识标牌的阅读和货物的辨识。改造后,自然采光带位于巷道的正上方,光线均匀照射在巷道内,有利于货物的分拣作业,如图 5-4 所示。

| (a) 改造前 | (b) 改造后 |

图 5-2　围墙设计改造

| (a) 改造前 | (b) 改造后 |

图 5-3　雨水管改造

二、仓库设备改造

仓储设备主要包括搬运设备、存储设备、信息化设备、智能化设备、库用设备等,下面举例说明存储设备中的货架改造。

(a) 自然采光带垂直于巷道　　　　　　(b) 自然采光带位于巷道的正上方

图 5-4　采光的改造

1. 横梁式货架的改造

横梁式货架有主副架之分，主货架有 4 根立柱，副货架有 2 根立柱，另 2 根立柱与主架共享。图 5-5 中，改造前主副架都是 4 根立柱，造成设备浪费；改造后去掉了货架中的 2 根立柱，减少了仓储设备的投资。

(a) 改造前　　　　　　　　　　　　　(b) 改造后

图 5-5　货架配置改进

2. 电缆盘货架的改造

改造前电缆盘落地存放，有的尽管利用了悬臂货架，但是实质上还是落地存放，码放不整齐，空间利用率低，电缆零星领取麻烦。改造后设计制造了专用的电缆货架，电缆上架存放，码放整齐，提供了仓储空间利用率，电缆方便零星领取，如图 5-6、图 5-7 所示。

(a) 改造前 (b) 改造后

图 5-6 电缆盘存放改造

(a) 改造前 (b) 改造后

图 5-7 存放货架改造

三、仓库布局改造

1. 货架摆放的改造

货架的摆放分纵向摆放、横向摆放等，摆放的方式因仓库而异，摆放的原则是物资应收发、存储、分拣方便，货架的标识一目了然。

图5-8、图5-9中，改造前货架横向摆放，总体感觉物资码放凌乱，标识不清。改造后，明显看到货架排列整齐，标识标牌一目了然，方便物资收发、分拣。

(a) 改造前   (b) 改造后

图5-8 货架布置改进（一）

 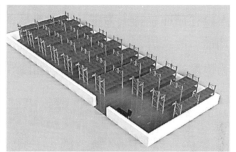

(a) 改造前   (b) 改造后

图5-9 货架布置改进（二）

2. 区域布置的改造

改造前区域布置不合理，进出各货位、各出入口流线受阻，仓储作业线路过长，物资存储不便。改造后物流流线清晰，都能在最短的时间以最短的距离到达货位，提高了仓储作业的效率，如图5-10所示。

四、仓库功能改造

根据仓储的发展需要，仓库的功能由保管型向流通加工型转变，即仓库由原来的储存、保管货物中心向流通、销售中心转变。仓库不仅具有仓

179

储、保管货物的设备，而且还增加分袋、配套、捆装、流通加工、移动等
设施。这样既扩大了仓库的经营范围，提高了物资的综合利用率，又方便
了客户，提高了服务质量。

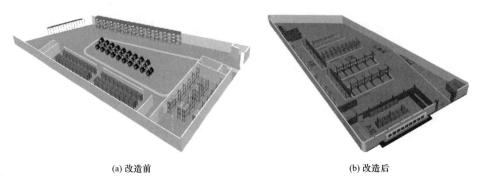

(a) 改造前　　　　　　　　　　　　　　　　　　(b) 改造后

图 5-10　区域布置改造

下面举例说明电网存储型仓库改造为配送、存储型仓库。改造前，仓
库以存储应急物资为主，属于典型的存储型仓库，库内设施、设备无配送
功能。改造后，增加了配送流水线，物资可在配送线上作业，使原仓库变
为以配送为主的存储型仓库，如图 5-11 所示。

(a) 改造前　　　　　　　　　　　　　　　　　　(b) 改造后

图 5-11　仓库功能改造

五、仓库升级改造

仓储升级改造分为硬件升级改造和软件升级改造。仓储的硬件升级改
造又可以分为仓储的建筑、设备、设施升级改造；仓储的软件升级改造可

以分为仓储的信息系统升级改造、管理流程升级改造。按照仓储的自动化程度，又可以分为人工作业仓库升级改造为机械化仓库，又由机械化仓库升级改造为自动化仓库，再由自动化仓库升级改造为智能化仓库，最后升级改造为智慧化仓库，如图 5-12 所示为仓库升级改造效果图。

(a) 人工仓库 (b) 机械化仓库

(c) 自动化仓库 (d) 智能仓库

图 5-12 仓库升级改造效果图

任务三 电网仓储改造案例分析

>> 【任务描述】

本任务主要通过案例讲解某县公司仓库改造。通过仓储改造建设，提升仓库存储质量和管理水平。

【案例一】某县公司 Y 仓库 "四化" 改造

一、改造背景

该仓库占地面积约 1980m²，其中室内仓库面积 400m²，简易棚面积 100m²，室外露天面积 1300m²（包括通道）。仓库场地小、区域划分随意、物料多而凌乱（最高时达 800 多种），库位设置不固定，哪里有空放哪里，电缆、JP 柜等经常重叠堆放，既不安全，又不规范，无法按分类排序，清点物资困难，很难做到快速找到所需物资，账、卡、物受到严重影响，集脏、乱、差、小为一体。

2014 年开展 "物力集约化精益管理年" 活动，将仓储标准化建设列入物资管理和同业对标的重要内容，针对仓库库容小、场地不规则，物料多，堆放混乱，物资周转量大（年出入库均超亿元），仓储条件远未达到仓储标准化基本要求探索如何利用最小的场地达到仓储和物资流通效能的最大化。

二、仓库 "四化" 建设

仓储标准化建设 "四化" 模式（现场标准化、定额科学化、流程规范化、管理常态化）的管理核心是用更少的投入获得更多的效益。

(一) 现场标准化

邀请仓储专家实地察看，按电网仓储标准化要求和今后仓储定位进行规划布局，经过反复认真论证，确定按物资类型进行功能区域划分，设置 A、B、C 三个仓储区（A、B 为室内货架区，C 室外露天货架区）。划分了装卸区、待检区、不合格品区、暂存区、仓储装备区等。按照标识标牌配置要求，统一设置了仓库标识标牌、颜色、划线，如图 5-13 所示。

根据供应量和物资储备定额来设置货位、货架、操作设备以及仓库面积，如配电变压器、配电箱、真空开关等存储类型相似的物资归为同类货架物资，根据储备定额数量规划货架。表 5-1 给出了 2013 年该仓库运维物资需求分析。

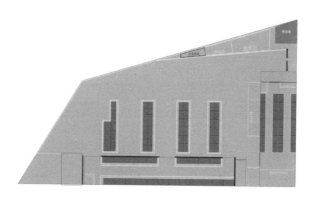

图 5-13　仓库改造后平面图

表 5-1 2013 年运维物资需求分析

序号	类别	型号	单位	定额上限	周历史峰值	货位设定
1	变压器	100kVA	台	8	8	8
2	变压器	200kVA	台	6	6	6
3	变压器	400kVA	台	6	6	6
4	配电箱	100kVA	台	8	8	8
5	配电箱	200kVA	台	6	6	6
6	配电箱	400kVA	台	6	6	6
7	真空开关	AC10kV，630A，20kA	台	8	7	8
8	架空线	AC1kV，JKLYJ，70	km	10	9.8	10
...	...	...	...	...	...	...

制作三层立体货架，货位为 48 个，能满足日常配电变压器、配电箱、真空开关放置，如图 5-14 所示。

图 5-14　三层立体货架

A 库区（轻型货架）有 112 个货位；B 库区（重型货架）有 126 个货位；电缆架采用双层设计，共安置 44 个货位，节省了空间，提高了场地利用率，也能满足今后电缆的定点摆放。图 5-15 为该仓储电缆货架。

（二）定额科学化

会同运检、配网、实业公司和设计部门一起协同工作，结合配网物资典型设计和省公司 466 种标准物料，清理所有非通用物料，按 300 万储备定额要求，尽量减少物料，对接市公司通用物料，初步完善定额。

图 5-15　电缆货架

今后将定额储备物资品种和数量，输入物资辅助管理系统。根据过去 3 年历史出入库记录，按照定额计算模型进行测算，给出定额清单的调整建议，交由相关专业管理部门进行审核确定，来实现定额的动态优化调整，以求达到定额的最优化。

（三）流程规范化

1. 流程规范

设置统一样式的货架货位标识和物料卡片，物资存放在货架相应位置，实行定置摆放，对现场堆放数量清点有困难的物资（如瓷瓶、抱箍等），定制相应存储容器，采用单元化储存方式，做到库存物资"见物知数"和永续盘点；确保账、卡、物一致。仓库各类物资盘点方法见表 5-2。

表 5-2　　　　　　　　　仓库各类物资盘点方法

物资种类	存储方式	盘点做法
变压器、开关类	变压器货架，按标牌摆放	见物知数
瓷瓶	仓储笼，每个仓储笼作为一个单元，数量固定，单元数量不足的仓储笼里"五五堆放"	每单元数量×单元个数＋不足数单元数量
导线	线缆盘架，按型号堆放，分存储区和拣货区	存储区数量＋拣货区数量
电力电缆	固定区域堆放	查看电缆米数

续表

物资种类	存储方式	盘点做法
铁件	单元化存储，每个货位为一个单元，数量固定。单元数量不足的货位五个一扎	每单元数量×单元个数＋不足数单元数量
金具	货架存储，每个货位为一个单元，数量固定。单元数量不足的货位，"五五堆放"在周转箱	每单元数量×单元个数＋周转箱内数量（可见物知数）
布电线、表箱、避雷器等	货架存储，分存储区和拣货区堆放	存储区数量＋拣货区数量（可见物知数）

梳理出仓库管理各环节导致账、卡、物不一致的风险点，落实对应管控措施，实现物资在入库、出库、在库管理、盘点等环节的业务操作规范化、标准化，有效保障了物资账、卡、物的一致性。物资账、卡、物不一致风险点如表 5-3 所示。

表 5-3 物资账、卡、物不一致风险点及控制措施

内容	风险点	控制措施
实物收料入库、发料出库环节	①实物收料入库时，业务凭证是否齐全；物资名称、数量与实物是否完全一致；工程结余物资退库及退役资产退库保管物资是否进行技术鉴定；是否符合退库标准；废旧物资入库是否已办理报废手续等；②办理各类物资出库时，操作是否规范，凭证是否合规，签字是否齐全；尤其需注意调拨出库时，凭调拨通知单、转储订单（销售订单）仓库组织发货	固化各业务流程，现场设置可视化辅助作业看板，加强业务过程控制
在库管理	物资的每笔出入库业务都必须在物料明细卡片上记录，但因此项业务操作频繁、单调，容易出现漏记、少记现象	设置统一样式物料明细卡片，定置存放在货架相应位置，利于现场操作，使出入库记录齐全、准确；确保账、卡、物一致
盘点	①永续盘点，应由保管员在每次的收料过程中进行，但因各类物资的物理特性不同、库存数量不同，摆放的形式也有所不同，核对工作较难开展，目前往往流于形式；②月度抽盘，目前各单位的操作方式不同，大致上都是凭经验从库存中抽取一定数量的条目进行盘点，主要问题是条目数量的不确定性及抽取物资的盲目性	①加强库存物资摆放管理，根据各类物资的特性，固化堆码方式；对现场直接堆放有困难的物资，定制相应存放容器，采用单元化存储方式，做到库存物资"见物知数"，将永续盘点落到实处；②在物资管理辅助系统中开发月度抽盘小模块，每月根据物资的出入库频次，按库存物资条目的 20％自动产生抽盘清单，有针对性地对进出最频繁、最容易出现不符的物资进行月度盘点

2. 通用物料及库存处置规范化

首先清理库存积压物资、非通用物料和未履约合同的非通用物资；会同运检、配网、实业公司和设计部门协商，按照"先利库、后采购"的原则，梳理出多余物资，通过省公司调配平台进行跨区域调配，2014 年物资调配金额达 1448.89 万元（其中调出物资 42 项共计金额 1078.44 万元；调入物资 17 项，共计金额 370.45 万元）。结合典型设计和省公司 466 种标准物料，对库存物资进行清理，设计使用一批，销售实业一批，报废一批；库存从 1200 多万下降到 419 万元，物资从 266 种下降到 59 种，以后根据配网通用物资逐步完善物资种类和定额储备，彻底清理非通用物料。该仓库电网物资项目类型情况如图 5-16 所示。

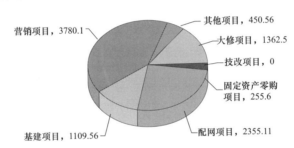

图 5-16　电网公司仓库物资供应项目类型统计（单位：万元）

（四）管理常态化

现场的日常管理采取"6S"管理模式（即整理、整顿、清扫、清洁、素养、安全），建立"周自查、月盘点、季考核"的常态管理机制，并延伸到各供电所。

每周对仓库保管员的工作成效进行检查；每月不定期对仓库安全、卫生、物资账、卡、物对应情况进行检查和抽检，检查结果列入员工绩效考核。"6S"管理责任区域划分如表 5-4 所示。

表 5-4　　　　　　　　电网公司仓库"6S"管理责任区域划分

序号	区域	责任人
1	区域 A	戴××
2	区域 B	谷××
3	区域 C	谷××

三、改造成效

经过相关改造，仓库面貌出现较大变化，整个仓库在技术运作流程、装配工作的协调、管理的规范性、搬运装卸以及交通运输等多个方面有了长足的进步。同时，针对仓库的基本业务操作流程制定出详细的业务指导规范书，针对一些常见的问题，例如盘点、消防以及标识等，做出统筹规划，使得各项操作更加合理化和科学化，全面提升仓库仓储作业的工作效率以及工作水准，全面增强电网仓储的软件实力。图 5-17～图 5-21 为该公司仓储标准化改造成效示例。应当指出，改造改善是一个多部门配合的结晶，是一个长期持续完善的过程。

(a) 改造前　　　　　　　　　　　　　　　　(b) 改造后

图 5-17　A 库区改造前后对比

(a) 改造前　　　　　　　　　　　　　　　　(b) 改造后

图 5-18　B 库区改造前后对比

(a) 改造前   (b) 改造后

图 5-19　C 库区改造前后对比

(a) 改造前   (b) 改造后

图 5-20　货架选用（一）

(a) 改造前   (b) 改造后

图 5-21　货架选用（二）

【案例二】某公司C仓库标准化改造

一、简介

（一）建设背景

为落实物资集约化管理要求，深入推进仓储体系建设，提高仓库标准化建设水平，公司必须结合其基础条件和实际业务特点，进行仓库改造，完善建设方案，确保仓库建设符合公司仓库标准化建设要求，满足实用化运营要求。

（二）仓库现状

该仓库共分为1、2、3号库，1号库总面积 $3480m^2$ ；2号库总面积 $2460m^2$ ；3号库总面积 $1440m^2$ ；仓库占地面积总计 $7380m^2$ 。

仓库布局如图5-22所示，室内布局如图5-23所示，物资存放如图5-24所示。

原有仓库主要存在以下几个问题：

（1）仓储的行车设置不合理，限制了物资的立体存放，仓库的库容率提高受到限制。

（2）物资的存储区域不合理，没有总体的规划。

（3）物资的存储多为落地存放，没有进行单元化存放，更没有上架存放。

（4）物资的码放不符合码放标准，安全风险较大。

（5）仓储的标准化程度很低，没有区域划分，缺少相应的标识。

（6）物流、信息流没有总体规划。

（7）仓库的机械化程度较低，多为人工作业。

二、仓储改造原则与定位

（一）改造原则

1. 系统性原则

从仓储的标准化、仓储设备、仓储货架、SAP、WMS及仓储网络等全方位考虑。

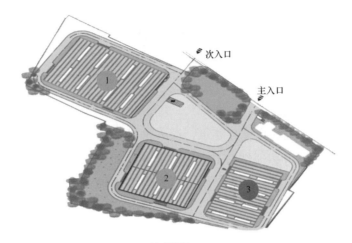

(a) 俯视图

(b) 外观图

图 5-22　仓库布局图

(a) 1号仓库室内

(b) 2号仓库室内

图 5-23　仓库室内布局图（一）

(c) 3号仓库室内

图 5-23　仓库室内布局图（二）

(a) 金具 　　　　　　　　　　　　　　(b) 线缆类

(c) 管材 　　　　　　　　　　　　　　(d) 箱类

(e) 变压器 　　　　　　　　　　　　　(f) 电缆

图 5-24　原物资存放图（一）

(g) 塔材

(h) 铁件

(i) 避雷器

(j) 电源箱

图 5-24　原物资存放图（二）

2. 标准化原则

全面引用国家标准和企业标准、结合实际进一步完善仓储标准。

3. 实用性原则

因地制宜，效率优先，勤俭节约，具备可自制、可拓展的现代化仓储体系，实现仓储管理标准化、机械化、信息化。

（二）改造定位

将该仓库改造成为具有示范性的标准化仓库。其中 1 号仓库改造定位是储存型机械化工程物资库；2 号仓库改造定位是储存与配送型运维物资机械化库；3 号仓库改造定位是储存型应急物资机械化库。

三、仓库改造方案

本改造项目分为两期进行，一期为 3 号仓库改造，第二期为 1、2 号仓

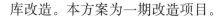

库改造。本方案为一期改造项目。

（一）应急物资及存储分析

1.存储物资

C仓库已储备的应急物资有72种，其中抢修设备和材料26种，应急救灾物资和抢修工器具46种。

2.物资堆码方式

（1）标准托盘存放与重型货架1（型号L2390×D1100×H4800）堆码见表5-5。

表5-5　　　　　　　　　标准托盘存放与重型货架1堆码

序号	品名	型号	单位	储备数量	仅供参考	储存方式	堆叠方式	托盘数
1	10kV电缆附件		套	20	600×400×350（mm）	I	10套/托盘	2
2	10kV电缆附件（中间接头）		套	10	600×400×350（mm）	I	10套/托盘	1
3	电源线盘	50m 2.5m²	个	20	φ450mm	I	10个/托盘	2
4	悬垂线夹	XGU-2	个	280	140个/包	I	2包/托盘	1
5	耐张线夹	NY-240/30	个	300	100个/包	I	3包/托盘	1
6	球头挂环	Q-7	个	300	100个/包	I	3包/托盘	1
7	碗头挂环	W-7A	个	300	100个/包	I	3包/托盘	1
8	挂板	Z-7	个	250	125/包	I	2包/托盘	1
9	联板	L-1240	个	300	100个/包	I	3包/托盘	1
10	U形挂环	U-7	个	300	100个/包	I	3包/托盘	1
11	调整板	DB-12	个	300	100个/包	I	3包/托盘	1
12	挂环	ZH-7	个	200	100个/包	I	2包/托盘	1
13	U形螺丝	U-1880	个	250	125/包	I	2包/托盘	1
14	并沟线夹	JBB-2	个	250	125/包	I	2包/托盘	1
15	线夹	JB-3120mm	个	100	100个/包	I	1包/托盘	1
16	线夹	JB-4185mm	个	100	100个/包	I	1包/托盘	1
17	线夹	JB-4240mm	个	100	100个/包	I	1包/托盘	1
18	帐篷		顶	13	1100×900×500（mm）	I	1顶/托盘	13
19	黄麻袋		条	19800	198/捆	I	10捆/托盘	10
20	潜水泵	380V	台	3	850×550×700（mm）	I	1台/托盘	3

序号	品名	型号	单位	储备数量	仅供参考	储存方式	堆叠方式	托盘数
21	铁皮	0.5m	张	100	2000×1000×150（mm）	Ⅰ	25张/托盘	4
22	8号铁丝		t	2.3	ϕ450mm	Ⅰ	600kg/托盘	4
23	钢丝绳		t	5.43	ϕ450mm	Ⅰ	1t/托盘	7
24	白棕绳		t	5	ϕ550mm	Ⅰ	1t/托盘	5
25	铅丝笼	8号	m²	2000	1200×1000×800（mm）	Ⅰ	200m²/托盘	10
26	安全围栏		m	2000	1200×1000×800（mm）	Ⅰ	200m/托盘	10
27	安全围栏网立柱		根	200	1200×300×60（mm）	Ⅰ	20根/托盘	10
28	电动及柴油抽水泵	柴油	台	3	950×758×1200（mm）	Ⅰ	1台/托盘	3
29	行军床		张	40	1000×800×750（mm）	Ⅰ	4张/托盘	10
30	个人手持式应急灯		盏	197	32盏/箱	Ⅰ	1箱/托盘	6
31	二锤	12磅	把	297	74把/箱	Ⅰ	1箱/托盘	4
	合计							118

分析结论：货位数共计 118 个托盘位。

（2）托盘 1500×1200（mm）存放与重型货架 2（型 L1890×D1100×H4800）堆码见表 5-6。

表 5-6　　　　托盘 1500×1200（mm）存放与重型货架 2 堆码

序号	品名	规格	单位	储备数量	仅供参考	储存方式	堆叠方式	托盘数
1	用户变压器	315kVA	台	8	1450×1150×1580（mm）	Ⅱ	1台/托盘	8
2	用户变压器	200kVA	台	8	1350×1050×1240（mm）	Ⅱ	1台/托盘	8
3	用户变压器	100kVA	台	5	1250×960×680（mm）	Ⅱ	1台/托盘	5
	合计							21

分析结论：货位数共计 21 托盘位。

（3）悬臂货架存放（型号 L1000×D1200×H4800）堆码见表 5-7。

表 5-7 **悬臂货架存放堆码方式**

序号	品名	规格	单位	储备数量	仅供参考	储存方式	堆叠方式	层数
1	绝缘梯	10m	架	2	10×0.45×0.15（m）	Ⅲ	2架/层	1
2	绝缘梯	6m	架	2	6×0.45×0.15（m）	Ⅲ	2架/层	1
3	铝合金梯	10m	架	2	10×0.45×0.15（m）	Ⅲ	2架/层	1
4	铝合金梯	6m	架	2	6×0.45×0.15（m）	Ⅲ	2架/层	1
5	帐篷		顶	13	3.5×1×0.8	Ⅲ	7顶/层	2
合计								6

分析结论：层数共计 21 托盘位。

（4）阁楼货架存放（6000×30000mm）堆码见表 5-8。

表 5-8 **阁楼货架存放堆码**

序号	品名	规格	单位	储备数量	仅供参考	储存方式	堆叠方式	层数	周转箱数量
1	铁滑轮	5T	个	15	5个/周转箱	Ⅳ	3周转箱/层	1	3
2	铝滑轮	5T	个	15	5个/周转箱	Ⅳ	3周转箱/层	1	3
3	钢丝夹	φ25	个	500	100个/周转箱	Ⅳ	3周转箱/层	2	6
4	套装工具		套	20	7套/周转箱	Ⅳ	3周转箱/层	3	9
5	碘钨灯		盏	50	25盏/箱	Ⅳ	1箱/层	2	2
6	安全帽		顶	100	10顶/箱	Ⅳ	1箱/层	10	10
7	雨鞋		双	540	6双/箱	Ⅳ	3箱/层	30	90
8	帆布手套		双	1000	100双/箱	Ⅳ	1箱/层	10	30
9	救生衣		件	500	50件/捆	Ⅳ	1箱/层	10	10
10	胶鞋		双	600	10双/箱	Ⅳ	3箱/层	20	60
11	线手套		双	900	100双/箱	Ⅳ	1箱/层	9	9
12	棉被		床	40	5床/捆	Ⅳ	1捆/层	8	
13	棉大衣		件	90	9件/捆	Ⅳ	1件/层	10	
14	褥子		床	40	4床/捆	Ⅳ	1捆/层	10	
15	铁锹		把	290	10把/捆	Ⅳ	1捆/层	30	
16	断线钳	450mm	把	10	450×235×45（mm）	Ⅳ	5把/层	2	
17	断线钳	900mm	把	10	900×350×150（mm）	Ⅳ	2把/层	5	
18	断线钳	1050mm	把	10	1050×450×185（mm）	Ⅳ	1把/层	10	
19	雨衣		件	540	60件/捆	Ⅳ	1捆/层	9	
20	工作服		套	200	20件/捆	Ⅳ	1捆/层	10	
合计								192	232

分析结论：货位数共计 192 层及 232 个周转箱。

（5）抢修塔货架存放（L1000×D54000×36000mm）堆码见表 5-9。

表 5-9　　　　　　　　　抢修塔货架存放堆码

序号	品名	规格	单位	储备数量	仅供参考	储存方式	堆叠方式	层数
1	抢修直线塔		基	8	3000×400×400（mm）	Ⅴ	6 个/捆 3 捆/层	2
2	抢修转角塔		基	4	3000×400×400（mm）	Ⅴ	6 个/捆 3 捆/层	2
3	抢修转附件		套	12	标准	Ⅴ	6 个/捆 1 捆/层	2
合计								6

分析结论：层数共计 6 层。

（6）电缆盘货架及电缆地面存放堆码见表 5-10。

表 5-10　　　　　　　电缆盘货架及电缆地面存放堆码

序号	品名	规格	单位	储备数量	仅供参考	储存方式	堆叠方式	货位数
1	钢芯铝绞线	LGJ240	t	10	ϕ1800mm	Ⅵ	1 个/货位	8
2	钢芯铝绞线	LGJ185	t	5	ϕ1600mm	Ⅵ	1 个/货位	4
3	钢芯铝绞线	LGJ120	t	5	ϕ1600mm	Ⅵ	1 个/货位	4
4	10kV 电缆	YJV22-8.7/15—3×300m^2	m	3000	ϕ2500mm	Ⅶ	地面堆放	6
合计								22

依据以上数据，结合储存方式分析后规划如表 5-11 所示。

表 5-11　　　　　　　　　规划物资储存方式

储存方式		码垛方式	储存物资类别	储存数量
Ⅰ	重型货架 1	货物直接码垛在托盘上	10kV 电缆附件、金具类、救灾物资	118 托
Ⅱ	重型货架 2	货物直接码垛在托盘上	变压器等物资	21 托
Ⅲ	悬臂货架	直接堆放，储存在悬臂上	绝缘梯、铝合金梯等物资	6 层
Ⅳ	阁楼货架	货物放置周转箱或直接放在货架上	生活用品、工器具等物资	192 层
Ⅴ	抢修塔货架	货物捆绑后直接放在货架上	抢修塔	6 层
Ⅵ	电缆盘货架	电缆盘直接存放在货架上	钢铝锌绞线	16 个
Ⅶ	电缆盘	电缆盘地面存放	10kV 电缆	6 个

3. 货架选型（见表 5-12）

表 5-12 货 架 选 型

储存方式	选用货架类型	规格	示意图
I	重型横梁式货架 1	H4800×D1100×W2400（二层横梁三层放货）	
II	重型横梁式货架 2	H4800×D1100×W1900（二层横梁三层放货）	
III	悬臂式货架	H4000×D1400×W1000（二层横梁三层放货）	
IV	层板货架	H2000×D600×W1800	

续表

储存方式	选用货架类型	规格	示意图
V	抢修塔货（定制货架）	H3600×D3700×W1000（二层悬臂三层放货）	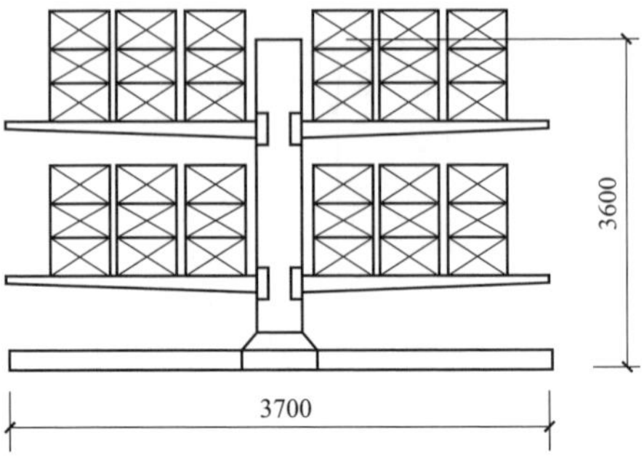
VI	电缆盘货架	H4000×D3400×W1700（二层电缆）	
VII	大电缆存放装置	标准	

（二）上架策略

1. 重型和层板货架存放方式

重型和层板货架存放有两种方式：①整箱整包码放在托盘上，再由存放到货架上；②不能堆压的小件物资存放在料箱里，料箱放在托盘上再由存放到货架上。

重型货架存放方式如图 5-25 所示，适用表 5-12 中储存方式 I、II。

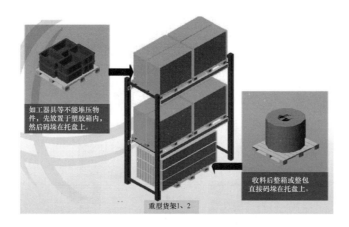

图 5-25　重型货架存放方式

层板货架存放方式如图 5-26 所示，适用表 5-12 中储存方式Ⅳ。

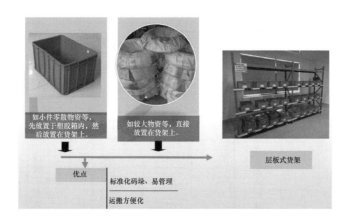

图 5-26　层板货架存放方式

2. 电缆存放方式

电缆存放方式有两种：①电缆盘径小于 2m 的放于双层货架上；②电缆盘径大于 2m 的，单层存放在角铁架上，如图 5-27 所示，适用表 5-12 中储存方式Ⅵ、Ⅶ。

（三）仓库布局

1. 存储区域分布

应急仓库整体配置如图 5-28 所示，其存储区域划分见表 5-13。

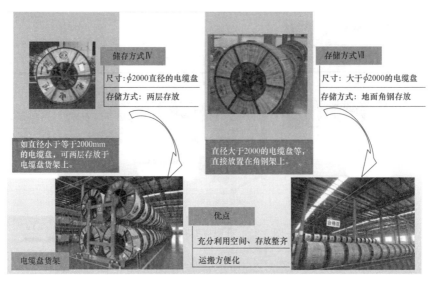

图 5-27 电缆存放方式

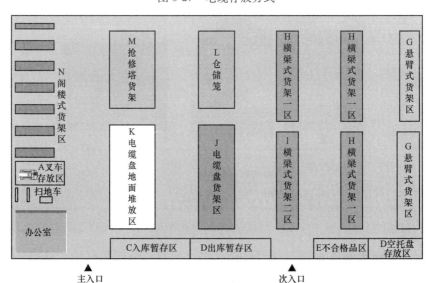

图 5-28 应急仓库整体配置平面示意图

表 5-13 存储区域划分明细表

序号	区域划分	占地面积（m²）	库容量
1	重型货架1	68.75	132 个库位
2	重型货架2	18.75	24 个库位
3	悬臂货架	26.25	6 层

序号	区域划分	占地面积（m²）	库容量
4	阁楼货架	6×30＝180	225 层
5	抢修塔货架	55	10m长、两层
6	电缆盘货架	33.75	16 盘
7	电缆盘地面存放	55	8 盘
8	收/发货作业区	各 19	—
9	不合格品暂存区	12	—
10	叉车停放区	18	—
11	空托盘存放区	12	—

2. 作业区域分布

作业区域分布如图 5-29 所示。作业区分为人工作业区、行车作业区、机械作业区。人工作业区是通过人工对生活用品、工器具等物资上下架作业的阁楼式货架区；行车作业区是通过行车对电缆、抢修塔、仓储笼等物资进行上下架作业的区域；机械作业区是通过叉车对变压器、绝缘体、金具等物资进行上下架作业的区域。

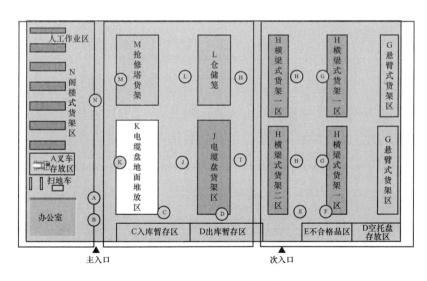

图 5-29　作业区域分布示意图

3. 设备选型

设备选型包括储存设施选型和装卸搬运设备选型，两种设备的技术参数要求见表 5-14、表 5-15。

表 5-14　储存设施技术参数要求

序号	名称	组成结构	规格	颜色	对库房地面承载要求	示意图
1	重型横梁式货架1	横梁式货架材质为H型钢或冷轧型钢，柱片（立柱）、横梁，整体采用框架组合式，并采用两排背靠背布局，货架设计为3层（含底）	每组货架尺寸为 2390 × 1100 × 4800 (mm)，每个货格设置 2 个托盘位，货格承重不小于 2500kg	货架立柱及附件浅蓝色 PANTONE 3015C，横梁采用桔红色 PANTONE1655C	$[(20+20+20+3+3)/2.5 \times 1.2] \times 1.3 = 28.6 \text{kN/m}^2$	
2	重型横梁式货架2	横梁式货架材质为H型钢或冷轧型钢，柱片（立柱）、横梁，整体采用框架组合式，并采用两排背靠背布局，货架设计为3层（含底）	每组货架尺寸为 1890 × 1100 × 4800 (mm)，每个货格设置 1 个托盘位，货格承重不小于 2000kg	货架立柱及附件浅蓝色 PANTONE 3015C，横梁采用桔红色 PANTONE1655C	$[(20+20+20+3+3)/3 \times 1.2] \times 1.3 = 23.83 \text{kN/m}^2$	

续表

序号	名称	组成结构	规格	颜色	对库房地面承载要求	示意图
3	悬臂式货架	悬臂货架采用H型材质采用冷轧型钢材质，采用两排背靠背布局，采用货架设计大于2m，货架层数最大3层。货架层高可调的组合式结构	每组货架尺寸为1000（臂间距）×1000（单臂长）×4800（高度）mm，每臂承重500kg	货架立柱及附件浅蓝色PANTONE 3015C，悬臂采用桔红色PANTONE1655C。整体采用框架组合式结构	$[(15+5)/2×0.3]×1.3=43.3kN/m^2$	
4	线缆盘存储货架	采用框架组合式，并采用两排布局，宜设计为2层，上层以整存整取为主，下层根据需要，按整取或零取取的货架支撑不同方式选择方式。每组货架包含4个电缆盘盘位	每组货架尺寸为1700×3000×3200(mm)，每线盘盘位承重2500kg	货架立柱及附件浅蓝色PANTONE 3015C，承重红色采用桔红色PANTONE 1655C	$[20+5+20+5/4.4×0.3]×1.3=49.24kN/m^2$	

续表

序号	名称	组成结构	规格	颜色	对库房地面承载要求	示意图
5	层板货架	横梁式货架材质为H型钢轧制钢、立柱片、横梁、层梁、层板、楼梯板及护栏、数量等标准配件组成	每组货架尺寸为1500（层长）×600（层宽）×2000（层高）mm，每层承重200kg	货架立柱及附件浅蓝色PANTONE3015C，横梁采用桔红色PANTONE1655C，楼面板镀锌处理	$[180+0.5/36]\times 1.3=3.25\mathrm{kN/m^2}$	
6	抢修塔货架	抢修塔货架采用H型钢或冷轧型钢材质，采用两排背靠背布局，货架设计，层数最大为2层，货架为高可调的组合式结构	每层货架尺寸为1000（臂间距）×2500（单臂长）×3600（高度）mm，每臂承重500kg	货架立柱及附件浅蓝色PANTONE3015C，悬臂采用桔红色PANTONE1655C，整体采用框架组合式	$[(10+5)/5\times 0.3]\times 1.3=13\mathrm{kN/m^2}$	
7	仓储笼	仓储笼是由型钢焊接而成	尺寸为2000（长）×1600（宽）×（高），每个承载1.5t	浅蓝色PANTONE3015C	无	

表 5-15　装卸搬运设备技术参数要求

序号	名称	作用	规格	示意图
1	托盘	用于物资的平面堆放或货架摆放，方便叉车作业	尺寸需与货架配套，采用塑料或钢制材料。建议使用钢材质托盘，方便使用与维护，适用尺寸规格为 1200×1000（mm）或 1200×1000×170（mm），托盘布局为四面进叉型，载重量静载不小于 4t，动载不小于 1t。有特殊需求时亦可采用同样规格的塑料托盘	
2	周转箱	可堆垛式周转箱作小件物资储料和存储用，塑料零件盒作人工零星拣选物资用，一侧有开口	塑料材质，尺寸为 600×400×280（mm），承重 50kg	

续表

序号	名称	作用	规格	示意图
3	电动叉车	新配置电动前移式叉车，用来配套横梁货架区使用。适用于库内使用，爬坡能力相对较差	(1) 回转半径：2800mm。 (2) 提升重量：1600kg。 (3) 提升高度：H4800mm。 (4) 最低点门架高度：小于2200mm。	
4	手动托盘搬运叉车	可以有效提高室内小型物资设备的快速搬运和存取	手动托盘搬运叉车额定载重1.5t	

4. 仓库改造要求

仓库改造有两个要求：

（1）因行车操作室至地面尽空间 3m，所以行车操作室拆除，安装有线遥控或无线遥控；

因人工作业区采用阁楼货架，机械作业区采用高位货架，两区域高度影响行车的运行，所以在人工作业区与行车作业区之间，行车作业区和机械化作业区之间，分别装设水平运行限位器。

（2）现有仓库地面承载为 $3t/m^2$，有局部地面承载需要加固，地面颜色需按要求进行处理。

具体改造如图 5-30 所示。

改造1：
因行车操作室至地面尽空间3m，所以行车操作室拆除，安装线遥控或无线遥控

改造2：
现有仓库地面承载为$3t/m^2$，有局部地面承载需要加固，地面颜色需按国网标准色进行处理

图 5-30　仓库改造

5. 改造设计整体效果图

仓库改造设计整体效果图如图 5-31 所示，仓库经改造后，有效地利用了空间、设备、人员，做到最大限度地减少了费力的人工搬运作业，简化

了作业的流程，力求最低的投资，达到最大的效果。为仓储作业提供了方便、舒适、安全、卫生的作业环境，仓库的库容库貌发生了根本性的变化。

图 5-31　仓库改造设计整体效果图

四、仓库智能化应用

（一）条形码运用方案

对所有仓库物资进行统一分类、编码，并对每个物资设置国家通用的 128 型条形码，如图 5-32 所示。主要用于仓库库存的实时查询，对每种物资的出入库明细台账进行跟踪查询（对每种物资的出入库日期、数量、项目编码等一一查询）。提高了仓库盘点、仓库对账、查询的工作效率。

（二）电子标签辅助分拣运用方案

电子标签辅助拣货系统是一种电脑辅助的无纸化拣货系统，其原理是借助安装在货架上每一个货位的 LED 电子标签取代拣货单，利用电脑的控制将订单信息传输到电子标签中，引导拣货人员正确、快速、轻松地完成拣货工作，拣货完成后按确认钮完成拣货工作。计算机监控整个过程，并自动完成账目处理。

(a) 条形码　　　　　　　　　　　　　　(b) 扫码仪

图 5-32　条形码及扫码仪

　　（1）提高拣货速度效率，降低误拣错误率。电子标签借助于明显易辨的储位视觉引导，可简化拣货作业为"看、拣、按"三个单纯的动作，如图 5-33 所示，从而降低拣货人员思考及判断的时间，以降低拣错率并节省人员找寻货物存放位置所花的时间。

　　（2）提升出货服务物流效率。

　　（3）降低作业处理成本。除了拣货效率提高之外，因拣货作业所需熟练程度降低，人员不需要特别培训即能上岗工作，为此可以引进兼职人员，降低劳动力成本。

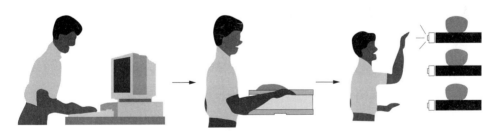

图 5-33　电子标签简化作业

项目五测试题

项目六

电网仓储
信息系统

【项目描述】

本项目介绍电网仓储信息系统。通过对信息采集与识别、信息指示与引导、系统设计和系统融合等进行介绍，了解信息采集与识别和信息指示与引导技术，掌握系统设计与融合方法。

任务一 信息采集与识别

【任务描述】

本任务主要讲解仓储系统信息采集与识别。通过对条码扫描、RFID、图像识别、语音识别和传感技术等信息采集与识别的介绍，了解信息采集与识别主要技术原理，掌握其在仓储管理中的具体应用。

信息采集与识别是信息服务的基础，为信息处理和发布工作提供数据来源支持。信息数据来源的丰富性、准确性、实时性和覆盖度等指标是信息服务的关键一环，对信息服务质量的影响至关重要。

在电网仓储活动中，信息采集与识别技术主要有条码扫描、RFID、图像识别、语音识别和传感技术等。

一、条形码技术

条形码技术是指用光电扫描识别事先设定的条码块，并且可以准确地将其信息同步到计算机中进行处理，其中使用的条形码是指用户事先将需要提取的相关信息通过一定的转换规则，转换成一组规则排列的条形标记。目前条形码是计算机可以直接读取使用最多的语言，条形码技术和网格技术的结合，极大地提高了计算机的应用效率和信息采集速度。

（一）条形码的种类

条形码分为一维条形码、二维条形码和彩色条形码三种。

（1）一维条形码：只是在一个方向（一般是水平方向）表达信息，在垂直方向则不表达任何信息，其一定的高度通常是为了便于阅读器的对准。

（2）二维条形码：在水平和垂直方向的二维空间存储信息的条形码。与一维条形码一样，二维条形码也有许多不同的编码方法，或称码制。

（3）彩色条形码：结合带有视像镜头的手提电话或个人电脑，利用镜头来阅读杂志、报纸、电视机或电脑屏幕上的颜色条码，并传送到数据中心。数据中心会根据收到的颜色条码来提供网站资料或消费优惠。

仓储常用的条形码多为一维条形码和二维条形码。在仓储作业活动中，条形码主要使用在库房内的货物、储位、容器、设施设备等上面，例如货位条形码的编制应与储位位置一一对应。条形码由 9 位数字组成，各个数字代表不同的信息。第一位代表储位性质（密封保存库、危险品保存库等）；第二、三位表示 1 级储位编号，具化为储位号；第四、五位表示 2 级储位标号，具化为货架编号；第六、七位表示 3 级储位标号，具化为层数；第八、九位表示 4 级储位标号，具化为位数。例如 102343454，表示为 2 号密封库，34 货架，34 层，54 位。

（二）应用系统构架

应用条形码技术采集和查询相关信息，并结合网络技术实现数据的同步和更新。物资管理系统可基于 AP 架设无线网络接入点，用特定交换机作为优先网络的支持设备，按照国际颁布的 IEEE802.11b 标准进行终端信息采集设备和数据平台之间的无线数据传输。系统服务器采用 Windows 操作系统，SQLserver2003 数据库，开发软件 Microsoft，C＋＋编程语言，手持式数据采集终端使用 Windows CE 系统，并且系统可以通过数据操作接口接收数据提取和操作功能。

系统主要模块包括信息管理平台、前期信息管理、运营信息管理、信息查询管理、信息统计管理、辅助管理六大模块。信息管理平台负责信息的录入、整理、修改等功能，诸如设备名称、型号、数量、出入库时间等信息；前期信息管理是指对供应方、安保人员、工作人员相关信息的录入和修改；运营信息管理是指对某一设备操作记录的统计和整理，例如详细记录了某设备的进出库时间、移库时间、检修时间等信息，一旦该设备出现问题，可以通过这些记录尽快发现错误点；信息查询管理是指通过设备名称、型号等相关信息，就可以检索出该设备的所有其他信息；信息统计管理是指根据相关数据诸如物资单价、储量、消耗频率等信息，生成各种统计报表，方便统计各季度效益，为公司管理层提供决策参考；辅助管理是指根据用户不同的工作性质和工作范围划定不同的操作权限。

（三）条形码技术应用特点

1. 网络条形码技术管理特点

（1）建立统一的物资管理平台，将库存物资的一应信息包括名称、规格、型号、数量、供应方、货位等均上传到计算机网络终端的统一平台上进行存储和管理，解决原有管理模式中数据不能及时共享的问题，可以保证账单、资金、物资、人员等信息的同步化管理。

（2）数据更新和实际工作同步，日常物资的出入库检验盘点等方面的数据可以通过终端工具实时同步到相关数据管理办公室，工作的同时进行数据更新，保证平台数据与实际工作吻合。

（3）管理体系全面化，数据平台分设不同的用户、角色、岗位的关联体系，管理者可以通过平台设定不同使用者的使用权限，并且可以精确控制各用户的使用功能。另外，通过应用 CPU 序列号采集跟踪技术，可以实现对使用者工作状况实时监控的目的，以促进相关工具和系统的正确使用。

（4）条形码技术普遍化，条形码技术在物资管理中的普遍应用，能够提高物资管理效率，简化操作流程，完成对物品的身份管理。

（5）符合工作人员习惯，平台开发参考相关工作人员的工作习惯，保证系统的实用性和适应性，可以简化物资管理人员的工作流程，提高物资管理准确度。

2. 网络条形码技术管理优势

条形码物资管理系统的应用和推广，将物资、仓储单元和业务单据进行条形码化管理，建立"数字仓库"，通过条形码技术和网络技术，对物资管理流程进行整理和优化，保障物资管理信息数据的完整性和及时性。条形码技术应用有以下优势：

（1）通过条形码集成系统的应用，实现实时信息数据交换，增强对物资的掌控，可以减少投入成本，并且可以提高数据的实时性和精确性，有效提高了工作效率。

（2）通过对条形码编订的设置，可以达到溯源并追踪物资的目的，增强了供应方的动态管理，优化了物资采购供货方面的数据处理，可以从根源上控制物资质量。

（3）通过对库存最优化处理，可以达到实时监控的目的，缩短仓储周期，方便资金周转和公司管理，提升电网仓储的竞争力。

（4）通过条形码技术在物资采购和仓储管理的应用，实现数据的实时采集和查询，方便供货方和公司进行数据交流，供应链透明化，促进物资供应的反应速度。

（5）此外条形码技术可以实现所有数据的自动化采集和整理，减少人工录入信息的工作强度，提高物资在流通过程中的精确性，从而提高生产效率和经济效益。

（四）条形码技术应用

1. 条形码技术在电网仓储物资管理中的应用

条形码技术和网络技术相结合，并且成功地应用于电网仓储物资管理中，有利于保障电网仓储的正常运行，提高公司竞争力。传统物资管理方式中，工作人员需要在物资入出库、盘点、检查等仓储管理工作中，人工进行记录和查询，这种方法效率较低，出错率高，不能满足新型电网仓储的需求。造成这种问题的原因是传统设备无法快速读取物资信息，并且物资信息不能和现场工作进行很好地数据同步。条形码技术的出现，允许工作人员手持数据终端采集设备通过扫描货物相关条形码，就可获得管理人员想要的所有数据。相比于传统物资管理模式，条形码技术管理极大地提高了物资管理效率，工作人员只需要核对相关数据，并与实物进行对比，实时对数据进行更新和修改，如图6-1所示。在电网仓储管理中，条形码技术的应用能够提高货品收发的准确率和工作效率，提升盘点效率及准确性，实现快捷准确的质量追溯，加大信息监控，令出入库更及时准确。

图 6-1 条形码技术在电网仓储中的应用

2. 条形码系统设备清单（见表 6-1）

表 6-1 条形码系统设备清单

序号	设备名称	参数	备注
1	高级条码标签纸	1）PET 材质； 2）适合于热转印印刷； 3）粘胶剂：永久性丙烯酸基胶； 4）底纸：白色半透明； 5）保存期：大于 1 年； 6）良好的防污、防刮、耐高温等性能	
2	固定式条码扫描枪	1）解一码能力：1D/2D； 2）支持的接口：键盘仿真、RS-232、USB； 3）最低分辨率：3mil； 4）扫描频率：每秒扫描 100 次（双向）	
3	手持式条码数据采集器	1）显示屏：3 英寸，分辨率 320×320； 2）显示屏类型：背光彩色、单色； 3）内置 WPAN； 4）1GB Flash ROM 和 128MB SDRAM 数据内存	
4	条码打印机	1）打印方式：热敏热转印； 2）分辨率：203～300dpi； 3）打印速度：200mm/s 以上； 4）内存：16MB SDRAM，8MB Flash； 5）接口：RS-232C，IEEE，1284，USB 2.0	主要耗材：碳带、标签纸

二、RFID 技术

RFID 是射频识别技术（Radio Frequency Identification，RFID）的英文缩写，又称电子标签。射频识别技术是 20 世纪 90 年代开始兴起的，目前被广泛应用的一种非接触式自动识别技术，它利用射频信号通过空间耦合（交变磁场或电磁场）实现无接触信息传递并通过所传递的信息识别目标物体。该技术具有非接触识别、移动识别、可穿透物体、可编程、足够大内存及能够适应各种环境等特点。

（一）RFID 系统组成

一套完整的 RFID 系统主要由电子标签、阅读器、RFID 中间件及应用软件系统四部分组成，如图 6-2 所示。

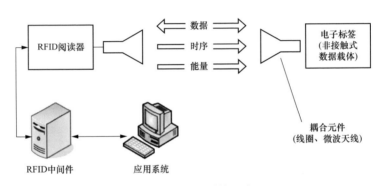

图 6-2　RFID 系统组成

电子标签携带被识别物品的信息附着在物品表面，进入阅读器工作范围后接收阅读器发送的射频信号，将自身携带的物品信息发送给阅读器，阅读器将标签信息传送至中间件系统，经中间件系统过滤提取信息后上传至应用系统，应用系统对标签信息做出相应操作再经由中间件系统返回给阅读器，阅读器根据指令对标签做出相应的操作。

1. 电子标签

电子标签（以下简称标签）是由耦合元件（标签天线）和芯片组成，标签天线用于接收阅读器发射的射频信号并转交给标签芯片进行处理，并将标签芯片的信息通过射频信号发送给阅读器。对于无源标签，天线还负责为标签工作提供能量。芯片的主要功能是对天线接收到的信号进行解调和解码等处理，并把标签需要发送的信号进行编码和调制等处理，以及执行防碰撞算法和存储数据等。每个标签都有唯一的电子编码，附着在目标对象上。标签内部编写的程序可以按特殊的应用随时进行读取和改写。电子标签的组成如图 6-3 所示。

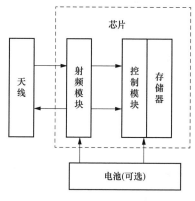

图 6-3 电子标签组成示意图

标签按供电方式可分为有源标签、无源标签、半无源标签。有源标签也称为主动式标签，电源完全由内部电池供给，电池的能量供应也部分地转换为标签与阅读器通信所需的射频能量。无源标签也称为被动式标签，标签工作原理是在阅读器有效工作范围内，标签从阅读器发出的射频能量中获取电能，在范围之外，标签处于无源。半无源标签也称为半主动式标签，标签内有电池供电，未进入工作状态标签处于休眠状态；当进入阅读器的工作范围时，接收到阅读器发出的射频信号后，进入工作状态，标签与阅读器通信的能量和支持主要以阅读器供应的射频能量为主；标签内部电池主要用于弥补标签所处位置的射频场强不足，标签内部电池的能量并不转换为射频能量。

标签按系统频率可分为低频（Low Frequency，LF，125kHz）、高频（High Frequency，HF，13.56MHz）、超高频（Ultra High Frequency，UHF，915MHz）、微波（Micro Wave，μw，2.45GHz、5.8GHz）等几种。

通常情况下，标签的芯片体积很小，厚度不会超过 0.35mm，所以它可以被印制在纸张、塑料、木材、玻璃等包装材料上，也可直接制作在物资标签上，这个过程可以通过自动贴标签机进行贴标签。一般来说，标签具有以下功能：

（1）具有一定的存储容量，它可以存储被识别物品的相关信息。

（2）非接触式读写，即标签可以在距离阅读器一定距离的范围内被识别。

（3）获取能量，即标签可以从阅读器发射的电磁场中获取能量，为自身工作供电。

（4）安全加密，即标签和阅读器之间的信道遵循一定的安全协议。

（5）碰撞退让，即多标签或多阅读器场景下的响应机制等。

2. 阅读器

阅读器在 RFID 系统中有着举足轻重的地位，它是负责读取或写入标签信息的设备。阅读器的频率决定了射频识别系统工作的频段，同时阅读器的发射功率和接收灵敏度直接影响了系统识别的距离。根据使用的结构和技术不同，阅读器可以是只读或读/写装置，它是 RFID 系统的处理中心。阅读器通常由耦合模块、信号处理与控制模块、射频模块组成，如图 6-4 所示。

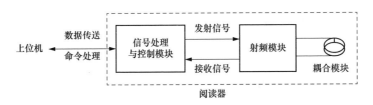

图 6-4　阅读器基本组成结构图

其中，信号处理与控制模块包含有微处理器以执行计算任务，数字信号处理芯片以完成数字信号的编码、解码等工作；射频模块通过天线向标签发送数据并接收标签返回的数据。阅读器可通过串行通信接口（RS232）或网络通信接口（RJ-45）有线通信方式及 WIFI 或蓝牙无线通信方式与上位机进行数据交换，执行上位机发来的命令。阅读器在 RFID 系统中提供如下功能：

（1）阅读器和标签之间的通信。

（2）阅读器和应用层（中间件）之间的通信。

（3）为标签工作提供能量。

（4）阅读器的通信安全性保证功能，如使用加密、解密技术。

（5）多阅读器的自组网能力，多标签读写操作场景下的冲突处理功能。

（6）中间件接口。

3. RFID 中间件

RFID 中间件是连接下层阅读器与上层应用软件的一种基于信息传递机制的软件系统，它是以消息的方式进行信息传递，在多个子程序之间进行传递和转换，起到屏蔽 RFID 底层硬件设备多样性和复杂性的作用。在 RFID 系统中，RFID 中间件应具备以下基本功能：

（1）对阅读器等读写设备的管理。RFID 中间件必须完成对各种读写设备的接入以及数据采集的功能，同时中间件能够对不同厂家、不同协议的阅读器提供接入支持，从而实现管理各种读写设备的功能。

（2）对 RFID 数据的处理。RFID 阅读器从标签中读取的数据量很大，而且是未经处理的数据。必须对这些数据进行冗余过滤、错误矫正等处理，才能使系统性能更加良好，同时保障数据的正确性。

（3）对上层应用系统提供一个标准接口。经过处理后的 RFID 数据，是需要被上位机软件以及其他应用程序调用的，RFID 中间件需要提供一个接口和上层应用程序进行通信。这样，上层应用系统可以调用需要的 RFID 数据，同时也可以控制 RFID 中间件对标签进行相应的操作。

（4）提供一个可视化的管理界面。RFID 中间件必须有一个可视化的界面，可以是客户端的，也可以是基于 B/S 结构的程序界面，这样管理 RFID 系统会更加便捷。

4. 应用软件系统

阅读器与标签之间的所有行为都是由应用软件完成的。在系统结构中，应用软件作为主动方通过 RFID 中间件向阅读器发出读写指令，作为从动方的阅读器接收指令后对其做出回应。阅读器接收到应用软件的动作指令后，对标签做出相应的动作，从而建立某种通信关系，标签响应阅读器的指令。

在 RFID 系统的工作流程中，应用软件通过 RFID 中间件向阅读器发出读取指令并且得到回应后，阅读器和标签之间就会建立起特定的通信。阅读器触发标签后，对触发的标签进行身份验证，然后标签就开始传送要求的数据。由上述可知，阅读器的主要任务就是触发有数据载体功能的标签，并与标签建立通信联系，在应用软件和非接触的数据载体之间传输数据。这种非接触通信的一系列任务包括通信的建立、防碰撞和身份验证等，均由阅读器进行处理。

（二）RFID 工作原理

RFID 的工作原理如图 6-5 所示，其工作流程是：①应用系统控制中间件向阅读器发出查询命令；②阅读器对查询命令进行编码和调制，通过发射天线发送特定频率的射频信号；③阅读器发出的射频信号被标签天线接收到；④标签接收到信号产生感应电流，从而获得能量被激活；⑤根据阅读器的查询信号，标签将自身信息编码调制后通过内置天线发射出去；⑥阅读器的接收天线接收到从标签发送来的调制信号，经天线的调制器传送到读写器信号处理模块；⑦阅读器将标签信息经解调和解码后发送到中间件及后台系统进行相关处理；后台系统根据逻辑运算识别该标签的身份，针对不同的设定做出相应的处理和控制，最终发出信号控制阅读器完成不同的读写操作。

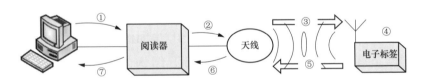

图 6-5　RFID 工作原理图

从标签到阅读器之间的通信和能量感应方式来看，RFID 系统一般可以分为电感耦合系统和电磁反向散射耦合系统。电感耦合是通过空间高频交变磁场实现耦合，依据是电磁感应定律；电磁反向散射耦合，采用雷达原理模型，发射出去的电磁波碰到目标后反射，同时携带回目标信息，依据的是电磁波的空间传播规律。

标签和阅读器之间数据传输的方式主要采用半双工和全双工法。半双工法指从标签到阅读器和从阅读器到标签的数据传输是交替进行的。在全双工法中，数据在阅读器和标签之间的双向传输是同时进行的，数据将以阅读器的分频率（即"分谐波"）或者完全独立的频率（即"非谐波"）向阅读器传输。

（三）RFID 在电网仓储物资管理中的应用

RFID 通道系统是基于 RFID 技术的一类衍生应用，通过在通道附件安装天线、阅读器、电源和相关的一系列外部设备形成一个整体系统。当加载有 RFID 标签的货物或人通过该通道时，天线读取相关信息并实时传送给阅读器及相关信息处理设备，以达到货物或人员控制管理的目的，如图 6-6 所示。目前主要应用于货物的运输、接收、物料的调动、位置识别和工作流程控制等方面。

图 6-6　RFID 通道系统

三、图像识别

图像识别是指利用计算机对图像进行处理、分析和理解，以识别各种不同模式的目标和对象的技术，是应用深度学习算法的一种实践应用。现阶段图像识别技术一般分为人脸识别与商品识别，人脸识别主要运用在安全检查、身份核验与移动支付中；商品识别主要运用在商品流通过程中，特别是无人货架、智能盘点、智能零售柜等无人零售领域。

（一）识别过程

图像识别技术的过程分为信息获取、预处理、特征抽取和选择、分类器设计和分类决策，如图 6-7 所示。

信息获取是指通过传感器，将光或声音等信息转化为电信息，也就是获取研究对象的基本信息并通过某种方法将其转变为机器能够认识的信息。

图 6-7　图像识别过程

预处理主要是指图像处理中的去噪、平滑、变换等的操作，从而加强图像的重要特征。

特征抽取和选择是指在模式识别中，需要进行特征的抽取和选择。简单的理解就是我们所研究的图像是各式各样的，如果要利用某种方法将它们区分开，就要通过这些图像所具有的本身特征来识别，而获取这些特征的过程就是特征抽取。在特征抽取中所得到的特征也许对此次识别并不都是有用的，这个时候就要提取有用的特征，这就是特征的选择。特征抽取和选择在图像识别过程中是非常关键的技术之一，所以对这一步的理解是图像识别的重点。

分类器设计是指通过训练而得到一种识别规则，通过此识别规则可以得到一种特征分类，使图像识别技术能够达到高识别率。

分类决策是指在特征空间中对被识别对象进行分类，从而更好地识别所研究的对象具体属于哪一类。

（二）图像识别技术在电网仓储物资管理中的应用

计算机的图像识别技术在公共安全、生物、工业、农业、交通、医疗等很多领域都有应用。其中，在电网仓储物资管理中，人脸识别技术和指纹识别技术是最广泛的应用。常见的考勤系统指纹识别仪如图 6-8 所示。

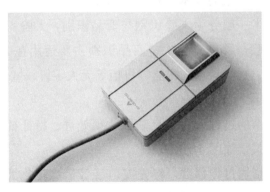

图 6-8　考勤系统指纹识别仪

四、语音识别

语音识别就是利用计算机将语音信号转化为机器可执行的文本命令，其属于模式识别的范畴。

（一）语音识别原理

按工作原理划分，模式识别细分为模式匹配、句法模式识别和统计模式识别三类，当前的语音识别系统大多数基于模式匹配原理。语音识别的原理如图 6-9 所示，其主要包含特征提取、模式匹配和参考模式库三个单元。

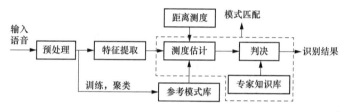

图 6-9 语音识别的原理

语言识别原理如下：①待识别语音通过麦克风变换成输入语音，然后到预处理环节；②预处理涉及多样技术，包括信号采样、反混叠滤波和端点检测等，有时还会有模/数转换和预加重，其目的是排除因个体差异、周边环境等产生的噪声；③特征提取通过对一些特征函数（如倒谱、共振峰、线性预测系数、平均能量和过零数等）的计算，得到代表输入语音本质的信息；④训练、聚类是通过让语音输入者多次重复讲话以提炼关键数据（除掉冗余信息），并形成独特类别，保存进参考模式库；⑤模式匹配是语音识别的核心，其通过距离测度的方法来衡量输入特征与参考库之间的相似度，以此来判决最终识别结果，其中，距离测度常用的方法有 HMM 距离测度、似然比测度和欧氏距离测度等。

（二）语音识别的典型问题分析

语音识别要达到实用化要求，应妥善处理如下问题：

1. 降噪

很明显，语音识别不可能避免噪声环境。所谓噪声，除了客观环境的背景噪声外，讲话人因情绪变化而导致发声失准（与正常相比）也是不可忽视的一个噪声因素。应对噪声的方法主要有谱减法、环境规正技术以及建立合理的噪声模型等。

2. 基元选取

根据使用经验，欲使语音识别系统能识别更多词汇，所选择的基元应该尽可能小。

3. 端点检测（即确定语音的起末点）

据大数据统计，50%以上的语音识别错误源于端点检测环节。提升端点检测成功率的关键是找到稳定的语音参数。

4. 识别速度及拒识问题

语音输入者应尽可能减少"啊""吧"等语气助词，并且不使用方言或口语化语言，以提升语音识别的速度和成功率。

（三）语音识别在 EMS 人机交互中的应用

能量管理系统（EMS）是调度员日常工作中操作最多的系统，其关系着整个电力系统的控制。EMS 系统牵涉大量的人机交互环节，传统的交互途径是基于鼠标/键盘的组合。可以预见的是，EMS 必然朝着"动用各种感官，实现人机全面沟通"的方向发展。语言是自然、有效的交流方式，若能将语音识别融入 EMS 的人机交互，将能显著提高信息输入的效率（特别是在电网发生紧急情况时）。

当前，调度员主要通过鼠标和键盘来操控电力系统的运行，当语音识别加入后，其与鼠标、键盘在命令控制和文字录入环节上的综合比对见表 6-2。

表 6-2　　　　　　　　　EMS 系统中 3 种人机交互方式的对比

输入方式	命令控制情况				文字录入情况		
	认知负荷	操作效率	自然性	应用广度	认知负荷	操作效率	自然性
鼠标	低	低	差	全面	较低	极低	差
键盘	较低	极高	差	差	较低	高	差
语音识别	较高	高	良好	一般	低	低	良好

语音识别作为一种新型的交互技术，是键盘和鼠标等传统交互的有效补充。语音识别能彻底解放人们的双手，使各项操作更为简捷和高效。随

着嵌入式系统的发展，语音识别还能推广到无线系统中。总之，语音识别技术是时代发展的前沿，也是电网行业应用的趋势，应该加以快速推广。

五、传感技术

（一）传感器的构成

传感器作为获取信息的重要工具和手段，传感器技术、通信技术和计算机网络技术共同构成了信息技术的三大关键技术。传统传感器的组成如图 6-10 所示。

图 6-10 传统传感器组成

传统的传感器技术在智能化、自动化和网络化方面都比较欠缺，对于信息的处理和分析能力不能满足要求。现在智能化的发展，使传感器的发展越来越网络化和智能化，无线传感器的设计是传感器智能化的典型代表。无线传感器的节点组成部分不仅仅只有传统传感器的部分，而且还结合了无线的通信芯片和微型的处理器，能够智能的感知处理并且进行网络传输。无线传感器的节点组成如图 6-11 所示。

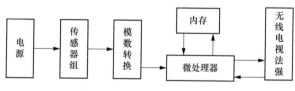

图 6-11 无线传感器节点组成

（二）传感器的工作原理及分类

传感器主要有物理传感器和化学传感器两方面的功能原理应用，针对传感器的不同使用和工作的原理不同，下面以温度传感器和光电传感器为例进行介绍。

1. 温度传感器

温度传感器是现代现实生活中应用相当广泛的一种技术，温度传感器的主要组成部分是热敏元件。在一定的工作条件内，半导体的热敏电阻器本身精度非常高、灵敏度高以及体积比较小的特性，使半导体电热电阻作为探测组件成为无线温度传感器使用最多的一种技术。

温度传感器的工作原理分为三部分：①热电阻，其工作原理是根据金属丝在一定条件下其电阻会根据温度的变化而变化；②热电偶，其工作原理是两种导体如果接触，在接触点处会产生出一个较为稳定的电动势，如果是同一导体，导体的两端温度的不同，在导体的两端间会产生一个电动势；③液体温度计，其利用感温的液体如果受热就会膨胀的工作原理。

2. 光电传感器

光电传感器是利用光照的原理来实现传感器功能，例如条形码等技术，光电元件是光电传感的检测元件。光电元件的原理是把被测量的变化转化成光信号的变化，接着利用光电元件再将获得到的光信号转换成为电信号。

此外，传感器还有各种不同的类型，其工作原理和使用方式都不为相同，常见的主要有压力传感器、湿度传感器和重力传感器等，如表 6-3 所示。

表 6-3　　　　　　　　　　仓储中常见的传感器类型

传感器类型	名称	简介	备注
温度传感器	数字信号输出传感器	DS18B20，18B20 数字温度传感器，可应于各种狭小空间设备数字测温和控制领域	DS18B20
	热敏电阻传感器	热敏电阻 5K10K/温度传感器/温度探头	

续表

传感器类型	名称	简介	备注
温度传感器	MTS102 温度传感器	−40℃～+150℃	
超声波传感器	超声波传感器 TCT40-16F/S（收/发）		超声波探头
	超声波传感器 TCT40-16F/S（收发一体）		
	超声波测距模块	最大检测距离 5m	

续表

传感器类型	名称	简介	备注
超声波传感器	超声波测距模块	可以直接装在机器人上,作为寻物、避障探测等应用	
加速度传感器	MMA7660 MMA7660FC 超小低功耗三轴加速度传感器	三轴加速度感应,可应于小车、机器人等的倾角控制	
气体烟雾传感器	烟雾传感器 MQ-2	可用于检测 CO、CH4 等可燃性气体	 烟雾传感器
	酒精传感器 MQ-3	半导体酒精传感器 MQ-3	

续表

传感器类型	名称	简介	备注
湿度传感器	湿敏电阻	湿度敏感元器件，具有感湿范围宽、灵敏度高、湿滞洄差小、响应速度快	
振动传感器/位移传感器	CLA-3	振动传感器	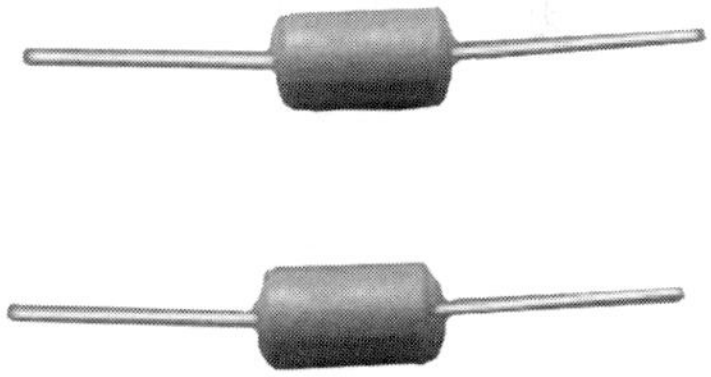

任务二　信息指示与引导

≫【任务描述】

本任务主要讲解仓储系统信息指示与引导。通过电子标签、叉车引导和指标动态管理三个主要应用领域进行介绍，了解信息指示与引导技术相关原理，掌握其在电网仓储管理中的具体应用。

一、电子标签

电子标签拣货系统[9]，其工作原理是通过电子标签进行出库品种和数量的指示，从而代替传统的纸张拣货单，提高拣货效率。电子标签在实际使用中，主要有 DPS 和 DAS 两种方式。

（一）DPS

DPS 为无纸化拣货模式，以一连串装于货架上的电子显示装置（电子标签）取代拣货单，指示应拣取商品及数量，将人脑解放出来。拣货员无需靠记忆拣货，根据灯光提示可以准确无误对货品进行拣选，不同颜色的灯光可以方便多人同时拣货而无需等待，方便企业应对订单暴增的情况。DPS 系统通过与 WMS 系统相结合，减少拣货人员目视寻找的时间，更大幅度提高拣货效率。拣选作业流程如图 6-12 所示。

作业人员发出周转箱

周转箱到达指定分拣区域，通过条码扫描箱子编号，系统自动为该箱配备货品

字幕显示器显示店铺号或箱号

作业人员根据点亮的电子标签显示的数字进行拣货作业，完成后按下电子标签按钮

完成拣货作业后按下完成电子标签按钮

图 6-12　电子标签拣选作业流程

DPS 一般要求每一品种均配置电子标签，对很多企业来说投资较大，因此采用两种方式来降低系统投资。一是采用可多屏显示的电子标签，用一只电子标签实现多个货品的指示；另一种是采用 DPS 加人工拣货的方式，对出库频率最高的 20%～30% 产品（约占出库量 50%～80%）采用 DPS 方式以提高拣货效率，对其他出库频率不高的产品仍使用纸张拣货单。这两种方式结合在确保拣货效率改善的同时，可有效节省投资。

（二）DAS

DAS 方式是另一种常见的电子标签应用方式，可快速进行分拣作业。同 DPS 一样，DAS 也可多区作业，提高效率。

电子标签用于物流配送，能有效提高出库效率，并适应各种苛刻的作业要求，尤其在零散物资配送中有绝对优势，在电网仓储物资管理中具有广泛的前景。而 DPS 和 DAS 是电子标签针对不同物流环境的灵活运用。一般来说，DPS 适合多品种、短交货期、高准确率、大业务量的情况；而 DAS 较适合品种集中、多客户的情况。

无论 DPS 还是 DAS，都具有极高的效率。据统计，采用电子标签拣货系统可使拣货速度至少提高 1 倍，准确率提高 10 倍。

二、叉车引导

叉车引导系统可以控制相应的适用叉车，在最佳时间点驶至最近的位置。它是仓库管理系统中的一个模块，可以协调仓库中的运输订单分配。通过管理叉车车队及待执行的运输任务，叉车引导系统可对仓库系统进行优化。根据运输任务和优先级，可以按照最佳顺序对运输订单进行排序，并作为行驶任务传输到相应车辆上。具有缩短行驶路程、多层次运输、最佳控制性能、避免等待时间和稳定的装载能力等基本特性。

AGV 小车的核心是它的引导技术，目前在电网仓储管理中常见的 AGV 引导技术有电磁感应导引、磁带、磁点导引、光学导引、激光导引、视觉导引、复合导引等。

1. 电磁感应导引

此技术是应用最广泛的技术，也是相对比较成熟的技术，在 AGV 的行驶路径上埋设金属导线，并加载低频、低压电流，使导线周围产生磁场，AGV 上的感应线圈通过对导航磁场强弱的识别和跟踪，实现 AGV 的导引。

2. 光学技术导引

此技术也相对比较成熟，主要原理是在 AGV 的行驶路径上涂漆或粘贴色带，通过对光学传感器采入的色带图像信号进行识别实现导引。

3. 激光导引

激光引导主要采用光的反射来实现。在 AGV 行驶路径的周围安装位置精确的激光反射板，安装在 AGV 上的激光定位装置发射激光束并且采集由不同角度的反射板反射回来的信号，根据三角几何运算来确定当前的位置和方向，实现 AGV 的导引。

4. 视觉导引

视觉引导是最具应用前景的 AGV 导引技术，该技术的原理是在 AGV 上安装 CCD 摄像机，AGV 在行驶过程中通过视觉传感器采集图像信息，并通过对图像信息的处理确定 AGV 的当前位置。主要技术难点在图像处理上。

5. 复合导引

复合导引指的是将多重引导技术结合起来。由于每一种导引方式均有其局限性，为了满足需要，可以将上述导引方式结合使用，两种导引方式可以实现无缝对接，来实现 AGV 小车的完美引导。

AGV 小车的每一种引导技术虽然都可以满足企业的需求，但是或多或少都有一定的局限性，相信随着 AGV 小车引导技术的提高，未来肯定会有一种更好的技术和策略，实现 AGV 小车引导技术的完美呈现。

任务三　控制系统与管理系统

》【任务描述】

本任务主要讲解电网仓储控制系统和管理系统设计。通过对仓储控制系统和仓储管理系统设计进行介绍，了解其构成要素，掌握其系统功能。

随着科技的不断发展，公司经营逐步迈入自动化时代，各种自动化设备如输送机、堆垛机、穿梭车以及机器人、自动导引小车等开始引进仓库管理中，目的是提高仓库作业的效率，节约管理成本，提高收益。自动化仓储控制及管理系统也正是在这一环境下诞生的，主要作用是对单元货物实现自动化装卸、拆码垛、自动化存取，自动化分拣、自动化包装，自动控制和信息管理，助力公司更快迈入自动化管理时代。

自动化仓储管理系统主要由硬件设备和软件系统构成，软件系统又分为 WCS 系统和 WMS 系统，如图 6-13 所示。

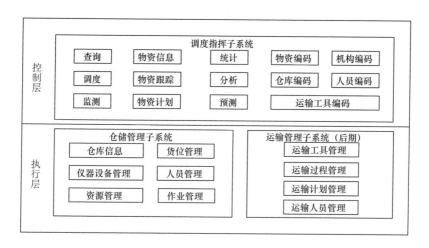

图 6-13　总体功能架构

一、WCS 仓储控制系统

（一）简介

WCS 是仓储控制系统的简称，是介于 WMS 系统和 PLC 系统之间的一层管理控制系统，可以协调各种物流设备如输送机、堆垛机、穿梭车以及机器人、自动导引小车等物流设备之间的运行，主要通过任务引擎和消息引擎，优化分解任务、分析执行路径，为上层系统的调度指令提供执行保障和优化，实现对各种设备系统接口的集成、统一调度和监控。在仓储活动中，具有自动化管理生产、实时监控产线动态、自动分配 WMS 软件的生产任务和多线程处理，高效运行的作用，如图 6-14 所示。

（二）通用功能

1. 实时监控

（1）支持全局画面显示；

（2）支持局部放大显示；

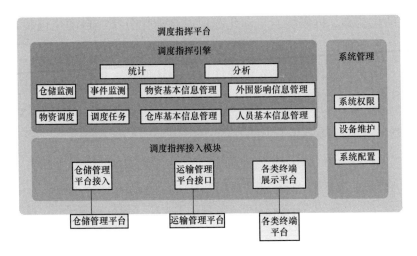

图 6-14　WCS 仓储控制系统

（3）支持实时动态画面；

（4）停止状态、运行状态、故障状态、禁用状态等按不同颜色或动画显示。

2. 参数设置

（1）从 PLC 读取设备当前参数；

（2）提供参数设置界面；

（3）向 PLC 写入修改后的设备参数；

（4）支持参数初始化功能。

3. 手动控制

提供输送线设备的启停、封解、复位、数据清除、初始化等控制功能。

4. 任务管理（后台）

（1）从 PLC 读取条码信息；

（2）向 WMS 发送条码信息及设备编号，接收 WMS 返回的路向信息；

（3）向 PLC 发送任务指令（包括路向信息）；

（4）读取 PLC 任务指令返回值，确定指令是否完成；

（5）如果在读到新的条码前没有读到任务指令返回值，那么该任务记录为未完成；任务未完成不影响后续任务指令的发送。

5. 系统日志

（1）任务日志，包括设备号、任务流水号、条码信息、路向信息、执行结果、任务发起时间、任务完成时间等；

（2）系统故障日志，包括设备类型、故障代码、故障描述、故障等级、故障发生时间等信息；

（3）操作日志（手动控制），包括控制指令、设备编码、执行结果、指令发出时间、指令完成时间、操作人。

（三）基于 PLC 自动化立体仓库控制系统

1. 内涵

工业自动化立体仓库主要是借助高层立体式货架放置货物，控制堆垛机自动化开展存取工作，并利用计算机实施管理和监控的一种存储方式，其组成通常包括工件、出入库输送机、监控系统、控制系统、堆垛机、立体货架和控制台等设备。工业自动化立体仓库控制系统的控制核心组成是PLC（可编程逻辑控制器），有效融合了通信技术、光学技术、电气技术和机电技术等，具有较高的自动化水平。PLC（可编程逻辑控制器）主要利用可以进行编程的一类储存器，借助内部开展的逻辑运算实施面向用户的一些指令，比如算计操作、计数操作、定时和顺序控制等，能够对各类型生产过程和机械过程进行有效控制，其主要优势是具有较强的抗干扰能力、高可靠性、较强的功能性、编程简单化等。以 PLC 为基础设计自动化立体仓库控制系统，一方面能有效提升控制系统处理和运行的速度，另一方面系统自动化控制精度可以得到保证，提高控制系统可靠性，具有较强的应用价值。控制系统网络结构如图 6-15 所示。

2. 设计自动化立体仓库控制系统的硬件

（1）选择 PLC。在工业自动化立体仓库中，对控制系统的运行效率有运行效率和自控精度方面的要求，为此通常选择西门子系列的 PLC，比较常用的是 PLC S7-200 系列和 PLC S7-300 系列。

PLC S7-200 的主要特点是：①其工业控制组态的软件具有友好的界面，编程软件的功能也比较齐全；②功能模块多，具有良好的扩展性，方便进行组网；③具有较高的性价比。

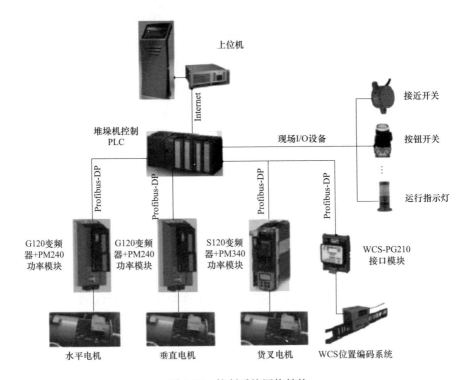

图 6-15 控制系统网络结构

PLC S7-200 可以满足自动化控制的多样需求，同时其价格相对低廉，能有效减少物流公司的成本。而 PLC S7-300 系列其人机交互界面是触摸屏。

（2）步进电机设计。巷道形式的堆垛机主要进行垂直运动与水平运动，可以把堆垛机运行分成在垂直轴和水平轴上的步进电机运动。在旋转时，步进电机会依照预先设定好的角度按步骤进行，不会积累误差，具有较高的精度，脉冲信号频率增加时其行进的速度也会相应加快，速度能在一个较大的范围中调节且具有较高的稳定性，其性价比也比较高，广泛应用在开环控制内。如 2 相 8 拍样式的混合步进电机，其主要特点就是启动频率高，具有较小的体积，有转矩定位。

（3）步进电机的驱动器设计。步进电机的驱动器主要是转化控制系统所发脉冲信号，将其变成步进电机角位移，在提高脉冲信号频率时，也能增加步进电机转速。对步进电机脉冲信号频率进行控制，能精确调整电机的速度；对步进电机脉冲个数进行控制，能精确定位电机。

（4）传感器设计。为了方便对运行前仓位状况进行有效判断，所有仓位中都要安装光电传感器。假如仓位上面放置了货物，传感器就会出现信号中断，将这种情况转变为电信号输送至 PLC 控制器中，从而能及时了解到仓位上是否有货物放置，对仓库整体存储情况实时掌握。

3. 以 PLC 为基础设计自动化立体仓库的控制系统

（1）控制系统设计的功能要求。在设计工业自动化立体仓库的控制系统时，其功能要达到以下要求：

1）控制系统要能够指导步进电机把卸货台或装货台上放置的货物运送至自动化立体仓库指定的货位上，也就是进行入库操作；

2）在控制系统指导下，把自动化立体仓库内指定货位放置的货物运送到卸货台或装货台上，也就是出库操作；

3）把自动化立体仓库内指定货位放置的货物运送到另外一个指定空货位上，也就是移库操作；

4）利用上位机对操作过程进行实时监控。

所设计的自动化立体仓库控制系统的控制要求主要方便对设备进行安全化操作，同时方便进行日常维护工作。控制系统需要有两种操作方式，即自动化操作与手动操作。其中，手动操作在控制范围主要是货叉伸缩设备、升降设备、水平运动设备等；自动化操作的控制是用户在控制屏中输入移库或出入库的指令，控制货物自动化移库和出入库，同时实时监控设备参数和运行状态。为了确保手动操作与自动化操作的安全性，这种操作方式需要存在互锁关系，一种方式可以控制另一种方式的一些操作。

（2）选择控制软件的方式。在自动化立体仓库的控制系统中，控制软件有半自动化、手动控制和联机控制三种方式。联机控制主要利用计算机的管理系统发出命令，指导堆垛机的工作，同时能对堆垛机工作状态实施监控，能达到自动化的要求。因此，自动化立体仓库中所用控制系统主要就是联机控制，在维修和调试工作中一般会采用半自动控制与手动控制。

（3）制定通信协议。借助联机控制，上位机就能借助通信系统对 PLC 实施有效控制，而步进电机对来自 PLC 的命令做执行，能够指导堆垛机实现对货物的自动化存取。这种工作方式是循环过程，首先 PLC 借助串口和上位机实现通信，假如有货物存取操作，上位机能把控制信息输送到 PLC，之后 PLC 就能对堆垛机进行控制，使堆垛机依照命令自动化执行操作，在将任务完成后再反馈给 PLC 控制系统。为了保证工作过程中的信息传递能够高效实现，要依照所用控制软件对通信协议进行设计。比如上位机的控制软件假如采用的是 Visual Basic 6.0，那么在 VB 编程与 PLC 编程中，两边的波特率都是 9600bps，字符数据都是 8 位，只有一个停止位。以这种设计为基础，通信协定就可以设计成"♯"＋byte1＋byte2＋byte3＋chr（13）。在通信协定设计中，控制字符用 byte1 来表示，货架进行水平运动时出现的脉动轮廓就用 byte2 来表示，货架垂直运动时出现的脉冲廓就用 byte3 来表示，最后信息结束用 chr（13）来表示。同时，入库设置为 0，出库设置为 1，原点设置为 2，停止设置为 3。

（4）设计程序流程。控制系统的编程基础就是设计程序流程。依照控制系统在功能方面的要求，程序流程包含一个主程序与三个子程序。主程序的工作主要是初始化系统，判断堆垛机的运行状态、输出控制等。三个子程序是指移库子程序、出库子程序和入库子程序，分别对应移库和出入库操作。堆垛机在启动运行后，首要工作就是对报警源和系统故障进行检查，判断报警信息或故障信息。假如堆垛机没有出现故障同时在空闲状态下，就可以接受上位机所发移库或出入库的指令，实施相应操作，与此同时，要把堆垛机状态转变成非空闲，不可以再接受其他的指令。

控制系统三个子程序的工作流程类似，如入库子程序的具体工作流程，在 PLC 收到上位机所发入库指令之后，要先对堆垛机有没有处于原点位置进行检查，假如不在，要加固堆垛机调整到原点子程序中，控制堆垛机自动回到原点位置。在堆垛机处于原点之后，对目标货位有没有存货进行判断，在没有存货的时候采取入库操作。假如目标货位没有货，对载货平台上有没有货物进行判断，在平台上有货时开启堆垛机实施入库操作。这些判断中假如有和要求不符的情况出现，要采取报警处理。在启动堆垛机之后，把载货台中货物运送到目标货位，之后命令堆垛机回原点位置，并将完成入库的信息发送给上位机，堆垛机状态重新设置成空闲，从而接受新移库指令或入库指令。

二、WMS 仓储管理系统

（一）WMS 系统介绍

随着现代工业生产的发展，柔性制造系统（flexible manufacturing systems）、计算机集成制造系统（computer integrated manufacturing system）和工厂自动化（factory automation）对自动化仓储提出更高的要求，包括具有更可靠、更实时的信息，工厂和仓库中的物流必须伴随着并行的信息流。射频数据通信、条形码技术、扫描技术和数据采集越来越多的应用于仓库堆垛机、自动导引车和传送带等运输设备上，移动式机器人也作为柔性物流工具在柔性生产中、仓储和产品发送中日益发挥重要作用。系统柔性化，以及采用灵活的传输设备和物流线路规划也是实现物流仓储自动化的趋势。WMS 仓储管理系统如图 6-16 所示。

（二）WMS 系统特点

WMS 系统有如下特点：①基础资料管理更加完善，文档利用率高；②库存准确，操作效率高；③合理控制库存，提高资产利用率，降低现有操作规程和执行的难度；④易于制定合理的维护计划，数据及时，成本降低；⑤提供历史的记录分析，规程文件变更后的及时传递和正确使用；⑥仓库与财务的对账工作量减小，效率提高，预算控制严格、退库业务减少。

（三）WMS 系统建设功能模块

控制并跟踪仓库业务的物流和成本管理全过程，实现完善的公司仓储信息管理。该系统可以独立执行库存操作，与其他系统的单据和凭证等结合使用，可提供更为全面的公司业务流程和财务管理信息。在电网仓储中，其主要功能包含入库管理模块、库内管理模块、计划协同模块、出库管理模块、发货管理模块、任务管理模块和系统工具箱等七部分。其功能模块如图 6-17 所示。

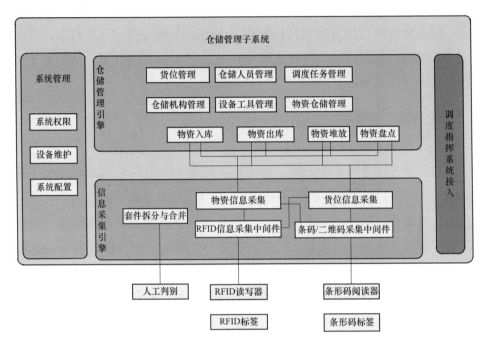

图 6-16　WMS 仓储管理系统

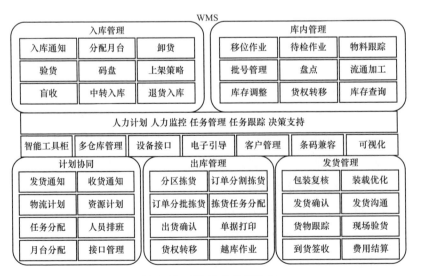

图 6-17　WMS 功能模块图

1. 计划协同

该模块包括发货通知、收货通知、物流计划、资源计划、任务分配、人员排班、月台分配及接口管理相关内容。

2. 入库管理

系统内包括入库通知管理，入库收货准备，分配月台，货物月台卸货，质检验货，暂存，托盘准备，码盘管理，上架策略，上架操作，货物盲收入库，货物中转入库，货物退货入库等。

同时包括收货异常处理，月台变动，货物状态变动的处理等。

入库时，将通过 RFID 操作验货及上架。在各节点操作前，信息推送至相关人员的手持终端。

3. 出库管理

系统内包括出库通知，拣选波次制定，拣选单及拣选任务，分区拣货，订单分割拣货，订单分批拣货，任务分配，仓库出货确认，货权转移，越库作业。

通过 RFID 方式操作仓库货物的拣选，并放置于发货区，进行理货发货。相关出库拣选备货信息将推送至相关责任人。

4. 发货管理

系统包括发货前的仓库发货通知功能，货物包装管理，包装复核，运送运力需求，装载优化，发货确认，发货沟通，在途跟踪，到货签收，现场验货，费用结算。

系统包括发货过程的全程跟踪，包装等操作，同时将发货重要信息推送至相关责任人。

5. 库内管理

该模块包括了库内货品的移位作业，例行质检作业，物料跟踪，批号管控，盘点管理，流通加工，库存多维度管理及调整，物料状态调整，货权转移等。

在移位、盘点及物料状态变更过程中，将采用 RFID 进行辅助操作。

6. 任务管理

任务管理模块包括了人力计划、人力监控、任务下达、任务跟踪、决策支持等。

可在系统流程中制定不同的任务节点及任务责任人。可对任务完成状况进行评价，并搜集任务中的不正常因素。

7. 系统工具箱

该模块包括了智能工具柜、物流资源管理、设备接口管理、电子引导编程、客户管理、条码管理及可视化管理驾驶舱。

（四）具体各功能要求

1. 多组织机构集中管理

支持成百上千个仓库、机构的集团物流业务同时运作。随着公司不断发展，组织机构也会不断扩张，而其多组织机构集中式管理，能提高管理者对各机构数据和业务的集中掌控能力，并减少因业务扩展而导致的维护成本。支持互联网操作，服务器支持负载均衡，并可随时根据业务的发展加载服务器。系统组织机构界面如图 6-18 所示。

图 6-18　系统组织机构界面

2. 智能优化策略

系统提供多种仓库管理策略，帮助公司合理利用仓储资源，优化作业流程，提高劳动效率，同时系统支持用户自主配置策略方案，根据实际的业务特点与管理需求，自主确立关键的规则节点与策略方案。优化策略如图 6-19 所示。

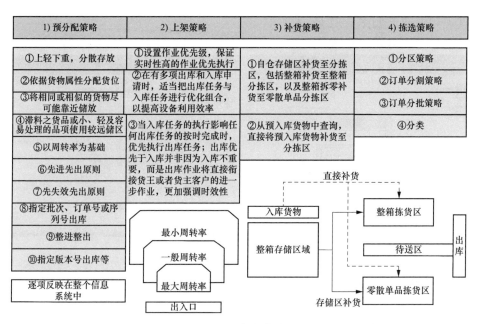

图 6-19 优化策略

3. WMS 移位管理

移位调整类似"计算机磁盘碎片整理"的作用，可以腾出更多的仓库空间加以利用。WMS 移位管理如图 6-20 所示。

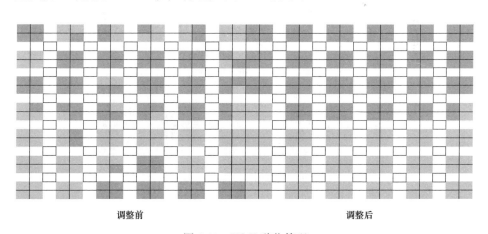

调整前   调整后

图 6-20 WMS 移位管理

4. 物资状态管理

物资状态管理以图形化展示仓储信息及其可用状态，让仓库管理更加直观和方便，如图 6-21 所示。

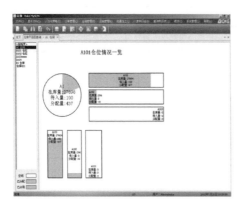

图 6-21　物资状态管理

5. 支持 RFID/RF 作业

无线射频条形码管理系统是 WMS 选配内嵌模块，对仓库管理的运作精度和执行效率起着积极作用。常见的工业级 RFID 手持机作业如图 6-22 所示。

图 6-22　工业级 RFID 手持机作业

6. 支持电子标签拣选

电子标签拣选作业如图 6-23 所示。

7. 物联网应用

物联网是指射频识别（RFID）、红外感应器、全球定位系统、激光扫描器等信息传感设备，通过物联网域名，将任何物品与互联网相连接，进行信息交换和通信，以实现智能化识别、定位、跟踪、监控和管理的一种网络概念。其有全面感知、可靠传输和智能处理三个基本特征。在电网仓储中，广泛应用在照明控制、空调控制等方面，如图 6-24 所示。

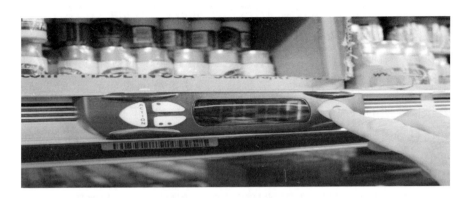

图 6-23　电子标签拣选作业

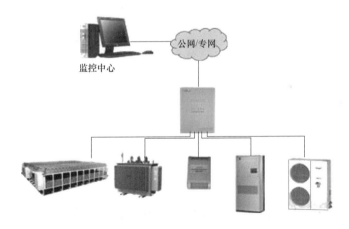

图 6-24　物联网在电网仓储中的应用

（1）全面感知：通过射频识别、传感器、二维码、GPS 卫星定位等相对成熟技术感知、采集、测量物体信息。

（2）可靠传输：通过无线传感器网络、短距无线网络、移动通信网络等信息网络实现物体信息的分发和共享。

（3）智能处理：通过分析和处理采集到的物体信息，针对具体应用提出新的服务模式，实现决策和控制智能。

8. 互联网＋

"互联网＋"代表着一种新的经济形态，它指的是依托互联网信息技术实现互联网与传统产业的联合，以优化生产要素、更新业务体系、重构商业模式等途径来完成经济转型和升级。"互联网＋"计划的目的在于充分发挥互联网的优势，将互联网与传统产业深入融合，以产业升级提升经济生产力，最后实现社会财富的增加。其在电网仓储中的应用主要有移动版工器具系统和远程监控仓库。移动版工器具系统的界面如图 6-25 所示，具有操作简便的特点。通过短信或者微信推送，将审批信息，预警信息，通知信息发送到相关人员手机上。优点为审批信息时时提醒，手机审批方便及时。微信推送界面如图 6-26 所示。

图 6-25　移动版工器具系统界面

远程监控仓库，确保仓库安全运行。其监控框架图和远程控制操作如图 6-27 和图 6-28 所示。

9. 设备工器具管理

对各种小库的特色管理主要包括工器具库、消耗品库和无人值守库三种仓库。

图 6-26　微信推送界面

（1）安全工器具库管理。电力安全工器具是用于电力生产过程中，为防止人身伤亡事故或职业健康危害，保障作业人员安全的各种专用工器具。安全工器具的配置管理好坏直接关系到生产过程中的人身和设备的安全。只有正确地为生产班组配备数里充足、质量合格的各类安全工器具，并且规范安全工器具的保管、使用才能保证电力生产安全。图 6-29 为安全工器具库管理中的常见情况。

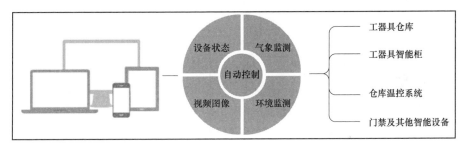

图 6-27　远程监控框架图

图 6-28　远程操作

(a) 电力安全工器具库房

(b) 手机扫描二维码，显示工器具信息

(c) 电力安全工器具

(d) 纸质单据条码管理

(e) 电力工器具管理平台通过PC、手机及微信日常业务操作

(f) 条码及RFID管理运用

(g) 历史检测信息显示　　　　(h) 电子屏工器具状态滚动显示

图 6-29　安全工器具库管理中的常见情况（一）

(i) 电子签名确认

图 6-29　安全工器具库管理中的常见情况（二）

（2）消耗品管理。消耗品是指用过以后不能回收，更不可能重复使用的物品。管理消耗品必须把握消耗品在正常情况下每月平均消耗量以及各种消耗品的市场价格、消耗品的最佳采购日期。管理消耗品应限定人员使用，必须以旧品替换新品，但纯消耗品（如复印纸、传真纸）不在此限。消耗品管理中的常见情况如图 6-30 所示。

(a) 消耗品管理中的指纹识别　　　　(b) 消耗品管理中的人脸识别

(c) 电子标签拣货系统拣选　　　　(d) 工器具借用出库

图 6-30　消耗品管理中的常见情况（一）

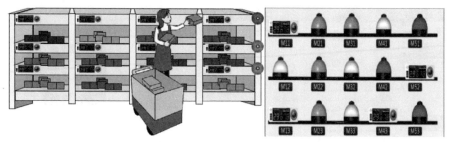

(e) 拣选声光电应用(服务器端输入单据条码，看灯拣选，按灯确认)

图 6-30　消耗品管理中的常见情况（二）

（3）无人值守库。主要包括指纹开门、定位借用、归还管理和未还提示等功能性要求，如图 6-31 所示。

图 6-31　无人值守库

任务四　系 统 融 合

≫【任务描述】

本任务主要讲解电网仓储系统融合。通过对电网仓储一体化管理实现和系统建设等进行介绍，了解其建设背景和目标，掌握其系统融合。

一、软硬件系统的融合

电网仓储管理系统主要由仓库管理系统（WMS）、仓储控制系统

（WCS）两部分组成，两者配合完成各类复杂的仓库管理业务与作业任务。

仓库管理系统 WMS 借助大数据、云计算等信息技术，主要通过信息采集、提示引导等技术实现各类业务管理操作，包括仓储管理、配送管理和运输管理三部分。在仓储管理中，信息采集技术主要有条形码扫描、RFID技术、图像识别、语音识别和传感等；而在运输管理中，提示引导主要有电子标签、叉车引导和指标动态管理三个方面。仓储控制系统 WCS 用于协调各种物流设备的运行，主要通过任务引擎和消息引擎，优化分解任务、分析执行路径，为上层系统的调度指令提供执行保障和优化，实现对各种设备系统接口的集成、统一调度和监控。

WMS 系统通过 WCS 系统实现对各类物流设备如输送机、堆垛机、穿梭车以及机器人、自动导引小车等物流设备的调用和协调运行，实现了仓储管理软硬件系统的融合，如图 6-32 所示。

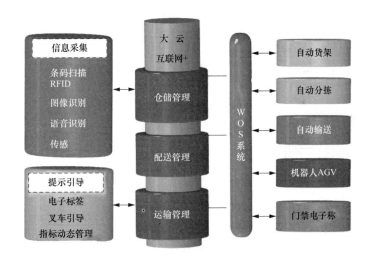

图 6-32　软硬件系统融合

SAP 是全世界排名第一的 ERP 软件，集成财务会计、财务管理、管理会计、公司控制、投资管理、物料管理、工厂维护、品质管理专案管理、销售与分销、人力资源管理和开放式资讯仓储等模块的一套策略性解决方案软件。

在仓储活动中，WMS 与 SAP 系统一般在业务逻辑层进行数据交换，SAP 系统能直接控制自动化仓储设备的出入库和数据的管理，并将仓库系统的管理功能融入 ERP 系统中去，这对于电网仓储提高其信息化程度十分重要。其平台接口和接口实现方式如图 6-33、图 6-34 所示。

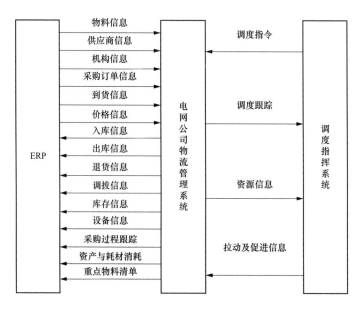

图 6-33　平台接口

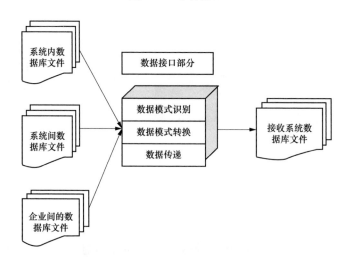

图 6-34　接口实现方式

二、物流管理信息系统建设

1. 与 ERP 系统对接进行有效业务协同

与 SAP 系统对接，对仓库进行管理，为采购、建设环节进行有效的业务支撑和协调。

2. 仓库精细化、标准化作业管理

结合手持终端条形码应用对仓库作业活动进行管理，追溯物料状态变更，提供优化作业策略，规范操作流程，合理利用仓库有效资源和分配员工作业任务，提高仓库精细化管理和工作效率。

3. 数据统计分析

库存数量、库存周转率、工作效率、利用率等信息的统计和分析，为公司运营提供数据支撑。

三、仓储物流可视化管理

仓储物流可视化管理及业务执行的全程可视化如图 6-35、图 6-36 所示。

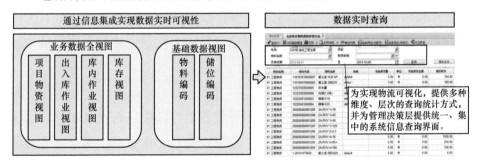

图 6-35　仓储物流可视化管理

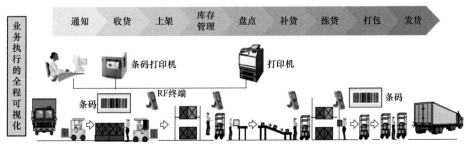

图 6-36　业务执行的全程可视化

253

可视化库区作业显示如图 6-37 所示。

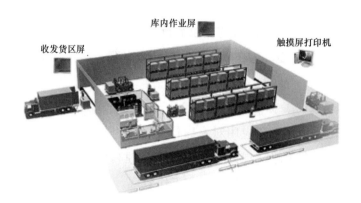

图 6-37 可视化库区作业显示

1. 收发货区大屏幕

可显示：①正在收发的单据；②预计收发的单据；③月台位置，车辆信息；④发货异常信息；⑤作业指导信息；⑥滚动通知等。

2. 作业区大屏幕

可显示：①正在上架与拣选的任务；②预计上架与拣选的任务；③库内作业路线地图及平面图；④应急安全信息；⑤作业异常信息；⑥滚动通知等。

3. 触摸屏电脑

可显示：①所有任务信息调阅；②代替手持终端进行确认操作；③库内作业路线地图及平面图；④知识库信息查询；⑤作业异常信息；⑥接收及发布滚动通知等。

4. LED 走字屏

可显示：①欢迎信息；②即时通知消息；③应急通知消息等。

项目六测试题

参 考 文 献

［1］ 孙莉. 基于现代物流供应链下的电网物资管理问题分析与对策［J］. 现代经济信息，2019（08）：356.

［2］ 仇爱军. 仓位化管理在电力行业仓储业务应用研究［J］. 物流工程与管理，2018，40（09）：48-49.

［3］ 冯霞. 物联网环境下电网物资供应优化模型及系统架构研究［D］. 华北电力大学，2015.

［4］ 安姝羽. 电网行业物资供应链风险管理研究［D］. 华中科技大学，2012.

［5］ 涂淑丽. 仓储运营管理［M］. 南昌：江西人民出版社，2016.

［6］ 詹健. 永安电力物资仓库管理系统的开发［D］. 电子科技大学，2014.

［7］ 崔晓玲，秦泰. 浅议如何依托物联网提升电力仓储水平［J］. 科学与财富，2017（35）.

［8］ 廖华武. 电力物资仓储管理问题分析及提升措施［J］. 市场观察，2016（748）.

［9］ 李媛丽. 基于无线手持终端的入出库组盘与拣选策略研究［D］. 北京信息科技大学，2008.

［10］ 王剑，顾晔，高峻峻. 浙江配电网物资标准化研究与应用［J］. 物流技术，2017，36（04）：28-30＋47.

［11］ 王天根，沈志根. 浅析如何提高供电企业仓储标准化［J］. 企业管理，2016（S1）：126-127.

［12］ 贾旭娟. 谈谈电力企业的仓储管理［J］. 轻工设计，2011.

［13］ 杨文学. 电力物资分析分类方法探析［J］. 现代经济信息，2013（07）：100.

［14］ 牛秀明. 如何选择仓储货架系统［J］. 物流技术（装备版），2012（12）：84.

［15］ 刘违，杨光，王登海，林玉和，薛岗. 苏里格气田地面系统标准化设计［J］. 天然气工业，2007（12）：124-125＋173-174.

［16］ 徐卫国，靳利军. GMP 条件下厂房的新建或改造（2010 版）［J］. 机电信息，2012（20）：1-7.

［17］ 高伟. 基于射频技术的电力物资仓库管理系统的研究与实现［D］. 华北电力大学，2016.

［18］ 陈锦彪. 关于语音识别技术在电力生产中的应用研究［J］. 新技术新工艺，2015（11）：71-73.

［19］ 陈杰. 基于物联网的智能仓储管理系统研究［D］. 合肥工业大学，2015.

［20］ 王伟超. 基于 PLC 的工业自动化立体仓库控制系统设计［J］. 电子制作，2018（Z2）：44-45.

［21］ 方泉，康永，董子玉. 基于 ERP 的电力物资平衡利库系统［J］. 计算机系统应用，2014，23（07）：70-73.

［22］ 赵炯，王琮，唐亮. WMS 系统与 SAP 系统之间数据交换技术研究［J］. 物流技术，2005（07）：40-42.